纺织服装高等教育"十三五"部委级规划教材

织物组织
结构与纹织CAD应用

ZHIWU ZUZHI JIEGOU YU WENZHI CAD YINGYONG

余晓红 主　编

吴　敏　副主编

东华大学出版社
·上海·

内 容 提 要

本书主要内容分两个部分。第一部分主要介绍机织物的基本知识及织物组织结构与设计基础。第二部分主要介绍纹织 CAD 软件的应用,包括纹织 CAD 软件的操作过程及其应用于组织设计的典型实例。

本书可用作高职院校纺织品设计和服装设计等专业的教材,也可以用作纺织企业技术部门的培训教材,还可作为从事纺织与服装工程技术人员的参考书。

图书在版编目(CIP)数据

织物组织结构与纹织 CAD 应用/余晓红主编.—上海:
东华大学出版社,2018.2

ISBN 978-7-5669-1335-7

Ⅰ.①织… Ⅱ.①余… Ⅲ.①织物结构 ②织物—
计算机辅助设计—AutoCAD 软件 Ⅳ.①TS105.1-39

中国版本图书馆 CIP 数据核字(2017)第 322193 号

责任编辑:张 静
封面设计:魏依东

织物组织结构与纹织 CAD 应用
ZHIWU ZUZHI JIEGOU YU WENZHI CAD YINGYONG

出   版:东华大学出版社(上海市延安西路 1882 号,200051)
出版社网址:http://dhupress.dhu.edu.cn/
天猫旗舰店:http://dhdx.tmall.com
营 销 中 心:021-62193056 62373056 62379558
印   刷:上海龙腾印务有限公司
开   本:787 mm×1092 mm 1/16
印   张:9.5
字   数:238 千字
版   次:2018 年 2 月第 1 版
印   次:2018 年 2 月第 1 次印刷
书   号:ISBN 978-7-5669-1335-7
定   价:33.00 元

前　言

  本书是高等院校纺织服装"十三五"部委级规划教材。本书以"纺织品设计专业职业能力"为依据,根据高职教学特点,以工作任务为导向,以能力要求为核心,突出对学生专业技能的培养。本书将织物组织结构的相关知识点进行划分,设计了若干工作任务,每项工作任务均包含学习目标、任务描述、相关知识点和任务实施等内容。在纹织CAD应用章节,列举了纹织CAD应用于织物组织设计的典型实例。本书内容结合高职学生的认知特点,深入浅出,层层递进。理论与实践相结合,以期通过各个工作任务的训练实践,加深学生对理论知识的理解,提高学生的实际应用能力,增强学生对有关课程的学习兴趣。在编写过程中,编者注重语言简洁、图文并茂,力求易学、易懂、易用。

  本书内容主要分两个部分。第一部分从项目一至项目五,主要介绍织物组织结构与设计基础,由杭州职业技术学院余晓红老师编写。第二部分即项目六,主要介绍纹织CAD的应用,由浙江大学经纬计算机工程有限公司吴敏老师编写。

  由于编者水平有限,书中难免存在纰漏和不成熟之处,敬请同行及读者指正,以便不断完善。

编　者

2017 年 7 月

目　　录

机织物的基本知识

任务一 织物分类和机织物的形成

一、任务目标

(1) 能区别机织物与针织物。

(2) 能描述机织物的形成、结构与特点。

二、任务描述

通过眼观手摸法和借助照布镜等工具,识别不同类型织物的手感、光泽、柔软度及表面特征。

三、相关知识

(一) 织物分类

织物按形成加工方法分,可以分为以下三种:

1. 机织物(或梭织物)

机织物是由两组互相垂直排列的纱线(经纱和纬纱),在织机上按一定规律交织而形成的纺织品,如图 1-1 所示。

机织物的产量大,用途广,通常简称为织物。由于构成机织物的原料、纱线的细度和组织结构等各不相同,因此其品种丰富多彩,典型品种有棉平布、麻纱、牛仔布、华达呢、织锦缎等。

2. 针织物

针织物是由一根或一组纱线在针织机的织针上弯曲形成线圈,并相互串套联结而形成的纺织品,如图 1-2 所示。

针织物按用途可以分为针织坯布和针织成品两类。针织坯布主要用于缝制服用纺织品,如针织内衣、外衣等。针织成品是在针织机上直接制成的成品,如袜类、手套、羊毛衫等。

3. 非织造织物

非织造织物又称无纺布、不织布等,是指未经传统的织造工艺,直接由短纤维或长丝铺置成网,再经机械或化学加工(连缀)而制成的片状物,如图 1-3 所示。由于其生产流程短,产量高,成本低,使用范围广,发展十分迅速。

图1-1 机织物　　　　　图1-2 针织物　　　　　图1-3 无纺布

4. 机织物与针织物的特点

（1）机织物的特点是结构稳定,布面平整,花色品种众多,耐洗涤,但是伸缩性、柔软性、透气性和防皱性不如针织物。

（2）针织物的特点是伸缩性好,质地柔软,多孔透气,防皱及成形性好,但是易脱散,易卷边,易勾丝,尺寸稳定性差。

（二）机织物的形成

经纬纱在织机上相互交织而形成机织物。如图1-4所示,沿织机纵向配置的数千根经纱从织轴上退解下来,绕过后梁,经过停经片、综丝眼和钢筘的筘齿间隙,在织口处与纬纱交织,形成的织物绕过胸梁、刺毛辊和导布辊,最后卷绕在卷布辊上。

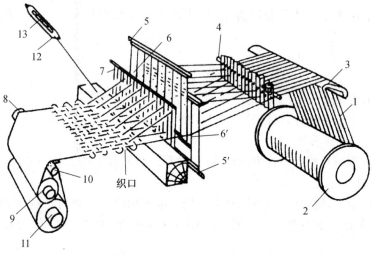

1—经纱　2—织轴　3—后梁　4—停经片　5,5'—综框　6,6'—综丝眼
7—钢筘　8—胸梁　9—刺毛辊　10—导布辊　11—卷布辊　12—梭子　13—纡子
图1-4 机织物形成示意

在形成织物时,综框由开口机构控制做上下交替运动,使一部分经纱提升、另一部分经纱不提升,形成梭口。纬纱由引纬机构控制引入梭口,通过打纬机构,由钢筘推向织口而完成经纬纱交织,如图1-5所示。

开口、引纬、打纬、卷取和送经这五大运动协调配合,不断循环,完成整个织造过程。

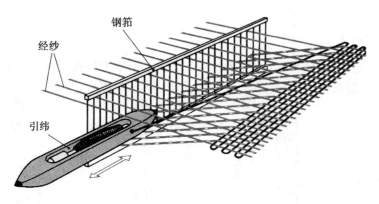

图 1-5　引纬示意

织造五大运动:综框按一定规律升降,带动经纱分成上下两层,形成沿织机横向的棱形通道,称为梭口。形成梭口的过程称为开口。引纬器从梭口中通过,并引入纬纱,这个过程叫作引纬。沿织机方向前后摆动的钢筘将引入的纬纱推向织机前方,这个过程叫作打纬。在打纬过程中,梭口的上下层经纱交换位置,实现经纬纱交织,并形成新的梭口。开口、引纬、打纬过程不断循环,形成连续的织物。形成的织物需要及时引离工作区域并卷绕在卷布辊上,这个过程称为卷取;同时,织轴要不断地及时退解经纱,这个过程称为送经。

四、任务实施

(一) 工具和材料

(1) 工具:照布镜。

(2) 材料:不同类型的面料三块。

(二) 工作任务

(1) 针对三块不同类型的面料(机织物、针织物和非织造织物),分别鉴别其织物类型。

(2) 说出三种面料各自的特点及它们在生活中的应用实例。

五、任务记录

(1) 将三块面料的织物类型鉴别结果填入下表:

面料编号	柔软度	弹性	表面特征	鉴别结果
面料 1				
面料 2				
面料 3				

(2) 将三块面料的特点及应用填入下表:

织物名称	织物特点(手感、柔软度、弹性和表面特征)	应用实例
机织物		
针织物		
非织造织物		

六、思考与练习

(1) 织物按成形加工分为哪几类？什么是机织物？什么是针织物？什么是非织造织物？

(2) 简述机织物的形成过程。

任务二 机织物的规格参数

一、任务目标

(1) 了解机织物的规格参数。

(2) 学会识别织物的正反面和经纬向。

二、任务描述

借助照布镜、密度镜等工具分析织物的密度,能识别织物正反面及经纬向。

三、相关知识

(一) 织物规格

织物规格主要包括长度、幅宽、厚度、面密度等方面。

1. 织物长度

指一匹织物的长度,简称匹长,以米(m)为单位。织物的匹长根据织物质量、厚度、种类而定,织物厚则 30～40 m/匹,织物薄则 50～60 m/匹。

2. 织物宽度

即织物的门幅,简称幅宽,指织物左右布边间的宽度,以厘米(cm)为单位。织物宽度应根据织物的用途、品种和生产设备等而定。织物幅宽有 80～120、127～168、180 和 200 cm 等。

3. 织物厚度

指在一定压力下织物上下面之间的距离,以毫米(mm)为单位表示。织物厚度与其服用性能的关系很大,主要影响织物的坚牢度、保暖性、透气性、悬垂性和刚度等性能。

4. 织物面密度

指每平方米织物的无浆干燥质量,单位为克/米^2(g/m^2)。根据面密度,织物可分为厚重型(如大衣呢)、中厚型(如棉织物、精纺毛织物)、轻薄型(如丝织物)。

5. 经(纬)纱线密度

经(纬)纱线密度指长度为 1000 m 的经(纬)纱线所具有的公定质量克数,它反映纱线的粗细。

6. 织物密度

织物密度指单位长度的织物所包含的纱线根数,其中的单位长度一般采用 10 cm,单位为根/(10 cm)。织物密度反映纱线排列的密集程度,有经纱密度和纬纱密度之分,简称经密、纬密,分别指织物纬纱、经纱方向上的经纱、纬纱根数,分别用 P_j、P_w 表示。

织物设计时经纬纱线粗细的配置方式:(1)经纱线密度＝纬纱线密度;(2)经纱线密度＞纬纱线密度;(3)经纱线密度＜纬纱线密度。采用配置方式(1),便于生产管理;采用配置方式

(2),可以提高产量,故常使用这种配置;配置方式(3)很少使用,有时在轮胎帘子布、复合材料增强织物等生产中采用。

织物设计时纱或线的配置:通常选用经纱纬纱、经线纬纱和经线纬线,一般不用经纱纬线,因为在机织物生产过程中,经向纱线受到较多的摩擦和较大的张力,需选用高品质的纱线,其强伸性都优于纬纱。

（二）织物正反面的判断

织物的正反面可根据织物外观效应加以判断。

(1) 正面的花纹色泽均比反面清晰美观,如印花织物,其印花的一面为正面。

(2) 凸条及凹凸织物,正面紧密、细腻,反面较粗糙。

(3) 起毛织物,若为单面起毛织物,起毛的一面为正面;若为双面起毛绒织物,绒毛光洁、整齐的一面为正面。

(4) 观察织物的布边,布边光洁、整齐的一面为正面。

(5) 毛圈织物,毛圈密度大的一面为正面。

（三）织物经纬向的判断

区别织物经纬向的主要依据:

(1) 如织物有布边,则与布边平行的方向是经向,与布边垂直的是纬向。

(2) 织物密度大的方向为经向,密度小的为纬向。

(3) 织物中的两组纱线,若一组是股线、另一组为单纱,则股线方向为经向、单纱方向为纬向。

(4) 条子织物,条子方向为经向。

四、任务实施

（一）工具和材料

(1) 工具:照布镜、密度镜、直尺、分析针。

(2) 材料:织物样品若干。

（二）工作任务

(1) 分析织物样品的密度。

(2) 识别织物样品的正反面。

(3) 识别织物样品的经纬向。

五、任务记录

(1) 将织物样品的密度分析结果填入下表:

10 cm 长度内经纬纱根数	沿纬纱方向的经纱根数		经密(P_j)	
	沿经纱方向的纬纱根数		纬密(P_w)	

(2) 将给定的织物样品按照要求粘贴在下表中:

织物样品正面朝上粘贴,并用上下箭头($\updownarrow$)标注织物经向,经直纬平	织物样品反面朝上粘贴,并用左右箭头($\leftrightarrow$)标注织物纬向,经直纬平

任务三 机织物组织

一、任务目标

（1）掌握织物组织的表示方法和组织点飞数。

（2）学会用照布境分析面料组织结构。

二、任务描述

绘出组织图，并能正确描述经纱、纬纱及组织点、组织循环、纱线循环数和组织点飞数。

三、相关知识

（一）织物组织的基本概念

织物组织决定织物的结构、外观风格、光泽特征、柔软变形能力等，对织物性能的影响很大。即使所使用的纤维原料相同、纱线在织物中的紧密度相同，但不同组织变化也会使织物的外观、手感、物理机械及服用性能有明显的差异。

织物组织中表示组织的参数有组织点、组织循环、循环组织数和组织点飞数。

1. 经纱和纬纱

机织物中，与布边平行、纵向排列的纱线称为经纱，与布边垂直、横向排列的纱线称为纬纱，如图 1-6 所示。

2. 织物组织

机织物中经纱和纬纱相互交错或彼此沉浮的规律叫作织物组织。

图 1-6 所示的交织方式是经纱一浮一沉、纬纱一沉一浮，图 1-7 所示的交织方式是经纱二浮一沉、纬纱二沉一浮。

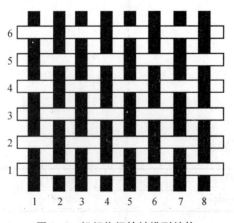

图 1-6　机织物经纬纱排列结构

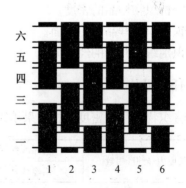

图 1-7　机织物经纬纱交织示意

3. 组织点

经纬纱的相交处即为组织点（浮点）。凡经纱浮在纬纱上，称为经组织点（或经浮点）；凡纬纱浮在经纱上，称为纬组织点（或纬浮点）。

4. 组织循环

当经组织点和纬组织点的浮沉规律达到循环时,称为一个组织循环(或完全组织)。图1-6中,经纱3和4及5和6分别与经纱1和2的浮沉规律相同,纬纱3和4及5和6分别与纬纱1和2的浮沉规律相同,即2根经纱和2根纬纱构成一个组织循环(完全组织),组织循环经(纬)纱数等于2。同理,图1-7中,经(纬)纱4、5、6的浮沉规律是经(纬)纱1、2、3的重复,其组织循环经(纬)纱数等于3。

用一个组织循环可以表示整个织物组织。构成一个组织循环所需要的经纱根数称为组织循环经纱数,用R_j表示;构成一个组织循环所需要的纬纱根数称为组织循环纬纱数,用R_w表示。组织循环有大小之别,其取决于组织循环纱线数的多少,由此决定采用多臂还是提花开口机构进行织造。

组织循环经纬纱数是构成织物组织的重要参数。

5. 同面组织

在一个组织循环中,当经组织点数等于纬组织点数时称为同面组织,当经组织点数多于纬组织点数时称为经面组织,当纬组织点数多于经组织点数时称为纬面组织。

(二)　织物组织的表示方法

1. 方格表示法

织物组织的经纬纱浮沉规律可用组织图表示,大多采用方格表示法。图1-8为平纹织物组织图和结构图。用来描绘织物组织、带有格子的纸称为意匠纸,其纵行格子代表经纱、横行格子代表纬纱。

在简单组织中,每个格子代表一个组织点(浮点)。当组织点为经组织点时,应在格子内标以符号,常用的符号有■、⊠、◨、◉等。当组织点为纬组织点时,为空白格子□。

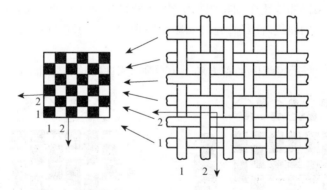

图1-8　平纹织物组织图和结构图

在一个组织循环中,纵行格子数表示组织循环经纱数(R_j),其顺序是从左至右;横行格子数表示组织循环纬纱数(R_w),其顺序是从下至上。图1-9(a)、(b)分别是图1-6、图1-7所示交织关系的组织图,图中箭矢A和B标出的是一个组织循环,图1-6对应的$R_j=R_w=2$,图1-7对应的$R_j=R_w=3$。在绘制组织图时,通常以第一根经纱和第一根纬纱的相交处作为组织循环的起始点。

绘制组织图的步骤:(1)用边框画出组织图的范围;(2)标出经纬纱序号;(3)画组织点。在一般情况下,组织图用一个组织循环表示,或者为组织循环的整数倍。

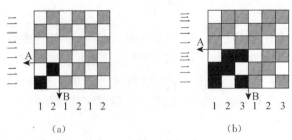

图1-9 方格表示法

2. 分式表示法

此法适用于简单组织的织物,分子表示每根经纱上的经组织点数,分母表示每根经纱上的纬组织点数,即 $\frac{经组织点数}{纬组织点数}$ + 组织名称,但缎纹组织除外。图1-9(a)、(b)所示的组织分别表示为 $\frac{1}{1}$ 平纹组织和 $\frac{2}{1}$ 右斜纹组织。

(三)织物纵横向截面图

为了表示织物中经纬纱交织的空间结构状态及纱线的弯曲情况,除组织图外,往往还需借助截面图,以形象地表示织物的外观特征。当组织结构较复杂时,截面图尤其有用。

1. 纵向截面图

指沿着织物中某根经纱的正中间将织物切断,再将断面向左或向右翻转90°后的剖面视图,其中经纱是连续弯曲的曲线,而纬纱是被切断的圆形。纵向截面图一般画在组织图的侧面。

2. 横向截面图

指沿着织物中某根纬纱正中间将织物切断,再将断面向上或向下翻转90°后的剖面视图,其中纬纱是连续弯曲的曲线,而经纱是被切断的圆形。横向示意图一般画在组织图的上方或下方。

图1-10(a)、(b)所示组织图的右方和上方分别是织物的纵向截面和横向截面图。

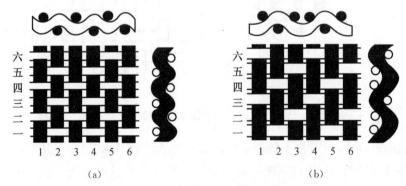

图1-10 织物纵横向截面示意

(四)组织点飞数

组织点飞数表示织物中相应组织点的位置关系,指同一个系统中相邻两根纱线上相应经(纬)组织点间相距的组织点数,用 S 表示。沿经纱方向相邻两根经纱上相应两个组织点间相距的组织点数是经向飞数,以 S_j 表示;沿纬纱方向相邻两根纬纱上相应组织点间相距的组织点数是纬向飞数,以 S_w 表示。如图 1-11 所示,在相邻的两根经纱上,经组织点 B 相对于经组织点 A 的飞数是 $S_j=3$;同理,在相邻的两根纬纱上,经组织点 C 相对于经组织点 A 的飞数是 $S_w=2$。在织物组织分析过程中,如果没有特别说明,默认为纬向飞数(S_w)。

在一个织物组织循环中,组织点飞数可以是常数或变数,有正负号,如图 1-12 所示。

（1）对经纱方向来说,飞数以向上数为正,记符号＋;向下数为负,记符号－。

（2）对纬纱方向来说,飞数以向右数为正,记符号＋;向左数为负,记符号－。

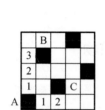

图 1-11 飞数示意

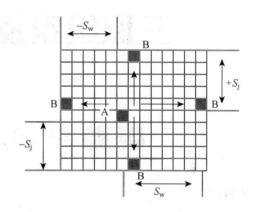

图 1-12 飞数正负号示意

四、任务实施

确定图 1-13 所示组织的组织点飞数:

（1）组织点 B 相对于 A 的飞数: $S_j=$ ____ $S_w=$ ____

（2）组织点 D 相对于 A 的飞数: $S_j=$ ____ $S_w=$ ____

（3）组织点 C 相对于 A 的飞数: $S_j=$ ____ $S_w=$ ____

（4）组织点 E 相对于 A 的飞数: $S_j=$ ____ $S_w=$ ____

五、思考与练习

（1）织物的经纱和纬纱的含义分别是什么?

（2）什么是织物组织、组织点、经浮点和纬浮点?

（3）组织循环、 R_j 和 R_w 的含义分别是什么?

（4）什么是组织图?

（5）什么是组织点飞数?

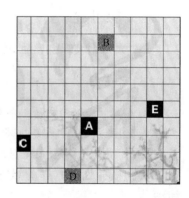

图 1-13

项目二

三原组织及织物

任务一 平纹组织及织物

一、任务目标

(1) 能绘制单起、双起平纹组织图。
(2) 掌握平纹组织特点。

二、任务描述

分析典型平纹织物样品,绘制样品组织图。

三、相关知识

(一) 平纹组织的组织参数

平纹组织是所有织物组织中最简单的一种,其组织参数:$R_j = R_w = 2$,$S_j = S_w = \pm 1$。

图 2-1 中,(a)为平纹组织的交织示意图,图中箭头所包括的部分表示一个组织循环;(b)为横截面图;(c)为纵截面图;(d)、(e)为组织图;数字 1、2 表示经纱,一、二表示纬纱。

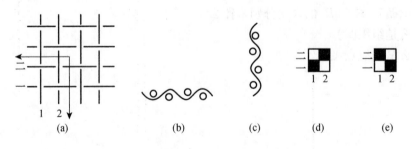

图 2-1 平纹组织

1. 平纹组织的起始点

画组织图时,通常以左下角第一根经纱和第一根纬纱相交的方格作为起始点。平纹组织

10

的起始点可以是经组织点,称为单起平纹,如图 2-1(d)所示;也可以是纬组织点,称为双起平纹,如 2-1(e)所示。习惯上通常以经组织点作为起始点。

2. 平纹组织的特点

(1) 在一个组织循环中,共有 2 根经纱和 2 根纬纱。

(2) 在一个组织循环中,共有 4 个组织点:$R_j \times R_w = 2 \times 2 = 4$,其中经组织点 2 个,纬组织点 2 个。

(3) 在一个组织循环中,经组织点数等于纬组织点数,织物正反面的组织没有差异,属同面组织。

3. 平纹组织的分式表示法

平纹组织按分式表示为 $\dfrac{1}{1}$,分子表示经组织点数,分母表示纬组织点数。习惯上称平纹组织为一上一下组织。

（二） 平纹组织的应用

平纹组织结构简单,经纬纱每间隔 1 根就进行一次交织,纱线在织物中的交织最频繁,屈曲程度最大,使织物挺括、坚牢,在织物中应用广泛,例如:

(1) 棉织物:细布、平布、府绸、帆布等。

(2) 毛织物:派力司、凡立丁、法兰绒等。

(3) 化纤织物:人造棉平布、涤棉细纺、涤棉线绢等。

(4) 丝织物:电力纺、双绉、绢丝纺、塔夫绸等。

(5) 麻织物:夏布、麻布等。

四、任务实施

（一） 工具和材料

(1) 工具:照布镜、分析针、意匠纸、直尺、铅笔、橡皮、剪刀、彩纸、不干胶。

(2) 材料:棉平布、电力纺若干。

（二） 工作任务

(1) 用彩纸模拟单起、双起平纹组织图。

(2) 用照布镜分析棉平布、电力纺织物样品的组织结构,并完成下列任务:

① 绘制组织图。

② 通过目测、手感等描述织物风格。

③ 分析造成它们不同风格的原因。

(3) 织物组织分析,采用拆纱分析法,有分组与不分组两种。

① 分组拆纱法。

a. 确定拟拆纱的系统。分析织物时,首先应确定拆纱方向,目的是看清楚经纬纱交织状态。因而宜将密度较大的纱线系统拆开,利用密度小的纱线系统的间隙,可以清楚地看到经纬纱的交织规律。

b. 确定织物的分析表面。分析织物的哪一面,一般以看清织物组织为原则。若为经面或纬面组织的织物,以分析织物的反面比较方便;若为表面刮绒或缩绒织物,应先用剪刀或火焰除去织物表面的部分绒毛,再进行组织分析。

c. 纱缨的分组。在织物样品的一边,先拆除若干根一个系统的纱线,使另一个系统的纱线露出 10 mm 长的纱缨,如图 2-2(a)所示。然后将纱缨中的纱线每若干根分为一组,并将 1、3、5 等奇数组的纱缨和 2、4、6 等偶数组的纱缨分别剪成两种不同的长度,如图 2-2(b)所示。这样,当被拆开的纱线还置于纱缨中时,就可以清楚地看出它与奇数组纱和偶数组纱的交织情况。填绘组织所用的意匠纸,若其一大格的纵横方向均为 8 个小格,正好与每组纱缨根数相等,则可把每一大格作为一组,亦分成奇、偶数组,与所分纱缨的奇、偶数组对应。这样,被拆开的纱线在纱缨中的交织规律可以非常方便地记录在意匠纸的方格上。例如某织物布样,被拆的是经纱,每组纱缨由纬纱组成,从右侧起,轻轻拨出第一根经纱,它与第一组纬纱纱缨的交织规律是经纱位于纬纱四、七、八之上,与第二组纬纱纱缨的交织规律是经纱位于纬纱四、七、八之上,与第三组纬纱纱缨仍以此规律交织。将第一根经纱与各组纬纱的交织规律,分别填绘在意匠纸各组的第一纵行上,如图 2-2(c)所示。然后以同样方法分析第二根经纱与各组纬纱的交织情况,并填绘在意匠纸的第二纵行上。依此类推,当分析到第十六根经纱时,就可得出该布样的完全组织和组织循环经纬纱数,经纬纱的交织规律已有两个循环。

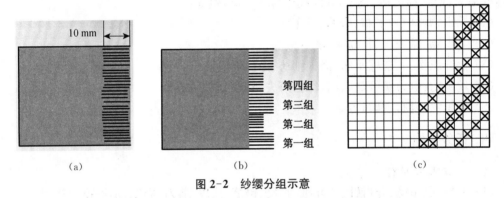

图 2-2　纱缨分组示意

(2) 不分组拆纱法。首先选择待分析的织物面,拆纱方向与分组拆纱法相同,不需要将纱缨分组,只需将拆开的纱轻轻拨入纱缨中,在意匠纸上把经纱与纬纱的交织规律记下即可。

五、任务记录

(1) 在意匠纸上绘制单起、双起平纹组织图,并用彩纸模拟。

(2) 完成织物样品分析,并填入下表:

样品名称	组织图	织物风格	形成不同风格的原因
棉平布			
电力纺			

六、思考与练习

(1) 平纹组织的组织参数是什么? 如何用分式表示?

(2) 平纹组织的特点是什么? 平纹组织的典型织物有哪些?

任务二 斜纹组织及织物

一、任务目标

（1）能绘制原组织斜纹组织图。
（2）掌握斜纹组织特点。

二、任务描述

分析典型斜纹织物样品，绘制样品组织图。

三、相关知识

（一）斜纹组织的组织参数

经组织点（或纬组织点）连续成斜线的组织称为斜纹组织。斜纹组织的种类繁多，最基本的是原组织斜纹组织。一个组织循环中，如果每根纱线（经纱或纬纱）上只有一个经（纬）组织点，其余都是纬（经）组织点，而且组织点连续成斜线，这样的斜纹组织称为原组织斜纹组织。

斜纹组织的组织参数：$R_j = R_w \geqslant 3$，$S_j = S_w = \pm 1$。

构成斜纹组织的一个组织循环至少有三根经纱和三根纬纱。

（二）斜纹组织的绘图方法

以第一根经纱与第一根纬纱相交的组织点为起始点，按照斜纹组织的组织循环纱线数 R，圈定大方格，然后在第一根经纱上填绘经组织点，再按飞数逐根填绘即可，如图 2-3 所示，(a) 为 $\frac{1}{2} \nearrow$，(b) 为 $\frac{2}{1} \nearrow$。

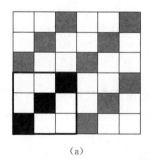
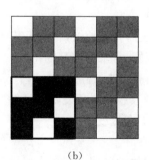

（a）　　　　　　　　　　（b）

图 2-3　斜纹组织图

按照斜纹方向，以第一根经纱上的组织点为依据，若要形成右斜纹，则向上移一格（$S_j =$ +1）填绘下一根经纱上的组织点，直至达到组织循环为止；如果为左斜纹，则向下移一格（$S_j =$ −1）填绘下一根经纱上的组织点，如图 2-4 所示。

注意：上述绘图步骤和方法适用于初学者。

图 2-5(a)、(b) 中的组织点虽然排列不同，但都是二上一下左斜纹，所形成的织物并没有区别。

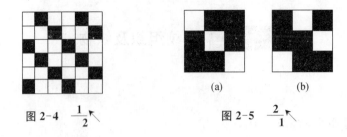

图 2-4 $\dfrac{1}{2}$↗   图 2-5 $\dfrac{2}{1}$↖

（三）斜纹组织的分式表示

分子表示组织循环中每根纱线上的经组织点数，分母表示在组织循环中每根纱线上的纬组织点数，分子、分母之和等于组织循环纱线数 R。

在原组织斜纹的分式中，分子或分母必有一个等于 1，如图 2-6 所示。

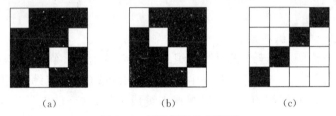

图 2-6　原组织斜纹组织图

图 2-6 中，(a)为 $\dfrac{3}{1}$↗，称为三上一下右斜纹；(b)为 $\dfrac{3}{1}$↖，称为三上一下左斜纹；(c)为 $\dfrac{1}{3}$↗，称为一上三下右斜纹。

当分子大于分母时，组织图中的经组织点占多数，称为经面斜纹，如图 2-6(a)、(b)所示；当分子小于分母时，组织图中的纬组织点占多数，称为纬面斜纹，如图 2-6(c)所示。

（四）斜纹组织特点及应用

1. 斜纹组织特点

（1）R 较大，表面有浮长线，相同工艺条件下，手感比平纹组织软，坚牢度比平纹组织差。

（2）可密性较好，常采用较高的密度。

（3）织物表面有清晰纹路。

斜纹织物的斜纹线倾斜角度随着经纬密度的比值而变化，当经纬纱细度相等时，提高经纱密度，则斜纹线倾斜角度变大。

2. 斜纹组织应用

斜纹组织在织物中应用一般多为经面斜纹。例如：

（1）棉织物：劳动布（牛仔布）为 $\dfrac{3}{1}$ 或 $\dfrac{2}{1}$，斜纹布为 $\dfrac{2}{1}$↖，单面纱卡其为 $\dfrac{3}{1}$↖，单面线卡其为 $\dfrac{3}{1}$↗。

（2）精纺毛织物：单面华达呢为 $\dfrac{3}{1}$↗ 或 $\dfrac{2}{1}$↗。

（3）丝织物：里子绸为 $\dfrac{3}{1}$↗。

四、任务实施

（一）工具和材料

（1）工具：照布镜、分析针、意匠纸、直尺、铅笔、橡皮、剪刀、彩纸、不干胶。

（2）材料：斜纹织物样品若干。

（二）工作任务

（1）用彩纸模拟 $\frac{3}{1}$ 右斜纹和 $\frac{1}{3}$ 左斜纹组织图。

（2）用照布镜分析斜纹织物样品的组织结构，并完成下列任务：

① 绘制织物样品的组织图。

② 分析织物样品经纬纱密度并判别经纬纱类型（是纱还是线）。

五、任务记录

（1）在意匠纸上绘制 $\frac{3}{1}\nearrow$、$\frac{1}{3}\nwarrow$ 组织图并用彩纸模拟。

（2）完成织物样品分析，并填入下表：

样品组织图	样品密度（根/10 cm）		经纬纱线判别（对应打"√"）	
	经密（P_j）	纬密（P_w）	纱	线
			经	经
			纬	纬

六、思考与练习

（1）斜纹组织的组织参数是什么？如何用分式表示？

（2）斜纹组织的特点是什么？斜纹组织的典型织物有哪些？

（3）绘制 $\frac{3}{1}\nearrow$ 的反面组织图。

任务三 缎纹组织及织物

一、任务目标

（1）能绘制五枚、八枚缎纹组织图。

（2）掌握缎纹组织特点。

（3）掌握三原组织的特点。

二、任务描述

分析典型缎纹织物样品，绘制样品组织图。

三、相关知识

（一）缎纹组织的组织参数

缎纹组织是原组织中最复杂的一种组织，如图 2-7 所示。缎纹组织中，相邻两根经纱上的单独组织点相距较远，且由其两侧的经（或纬）浮长线所遮盖，在织物表面呈现经（或纬）浮长线，因此布面平滑匀整、富有光泽、质地柔软。

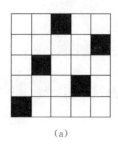
（a）

（b）

图 2-7　五枚缎纹组织图

缎纹组织的组织参数：(1)$R \geqslant 5$(6 除外)；(2)$1 < S < R-1$，并且在一个组织循环中始终保持不变；(3)R 与 S 必须互为质数。

（二）缎纹组织的绘图方法

绘制缎纹组织图时，以方格纸上圈定的($R_j = R_w = R$) 大方格的左下角为起始点。如果按经向飞数绘图，自起始点向右移一根经纱（一行纵格），并向上数 S_j 个小格，就得到第二个单独组织点，然后再在向右移一根经纱，并向上数 S_j 个小格，即得到第三个组织点，依次类推，直至达到一个组织循环为止，如图 2-8(a) 所示。图 2-8(b)、(c) 是按纬向飞数向上移一根纬纱，分别按 $S_w = 2$、$S_w = 3$ 所绘制的纬面缎纹组织。

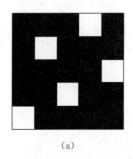
（a）

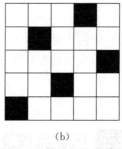
（b）

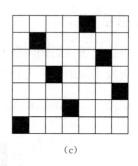
（c）

图 2-8　缎纹组织图绘制

缎纹组织有经面缎纹与纬面缎纹之分，如图 2-7 中，(a)为纬面缎纹，(b)为经面缎纹。飞数有按经向计算的和纬向计算的两种，一般情况下，经向飞数用于经面缎纹，纬向飞数用于纬面缎纹。

（三）缎纹组织的分式表示

分子表示组织循环纱线数 R，分母表示飞数 S。图 2-8 中，(a) 所示组织，$R = 5$，$S_j = 3$，用 $\dfrac{5}{3}$ 表示，称作五枚三飞经面缎纹；(b) 所示组织，$R = 5$，$S_w = 2$，用 $\dfrac{5}{2}$ 表示，称五枚二飞纬面缎纹；(c) 所示组织，$R = 7$，$S_w = 3$，用 $\dfrac{7}{3}$ 表示，称作七枚三飞纬面缎纹。

注意,缎纹组织循环纱线数 R 不能太大。在其他条件不变的情况下,缎纹组织的组织循环纱线数越大,则经纬纱浮长越长,织物越柔软、平滑、光亮,但坚牢度越低。

（四） 缎纹组织的特点及应用

1. 缎纹组织特点

(1) R 最大,浮长线长,织物柔软光滑,但坚牢度低,不耐磨。

(2) 单独组织点相距较远,被浮长线所遮盖,织物表面平滑匀整、富有光泽,织物正反面有明显区别。

2. 缎纹组织的应用

(1) 棉织物:横贡缎、缎条府绸、缎条手帕、缎条床单等。

(2) 精纺毛织物:直贡呢、横贡呢、驼丝锦、贡丝锦等。

(3) 丝织物:素缎、软缎、织锦缎等。

四、任务实施

（一） 工具和材料

(1) 工具:照布镜、分析针、意匠纸、直尺、铅笔、橡皮、剪刀、彩纸、不干胶。

(2) 材料:缎纹织物样品若干。

（二） 工作任务

(1) 用彩纸模拟 $\frac{5}{2}$ 纬面缎纹组织, $\frac{8}{3}$ 枚经面缎纹组织。

(2) 用照布镜分析缎纹织物样品的组织结构,并完成下列任务:

① 绘制织物样品的组织图。

② 分析织物样品经纬纱密度并判别经纬纱类型(是纱还是线)。

五、任务记录

(1) 在意匠纸上绘制五枚和八枚全部缎纹组织图,并用彩纸模拟。

(2) 将织物样品分析结果填入下表:

样品组织图	样品密度(根/10 cm)		经纬纱线判别(对应打"√")	
	经密(P_j)	纬密(P_w)	纱	线
			经	经
			纬	纬

六、思考与练习

(1) 缎纹组织的组织参数是什么? 如何用分式表示? 为什么没有六枚缎纹?

(2) 缎纹组织的特点是什么? 缎纹组织的典型织物有哪些?

(3) 绘制 $\frac{5}{2}$ 经面缎纹的反面组织图。

(4) 简述三原组织的特性差异。

项目三

变化组织及织物

变化组织是以原组织为基础,变更原组织的组织循环纱线数、浮长、飞数等因素中的一个或几个而形成的组织,可分为平纹变化组织、斜纹变化组织和缎纹变化组织。

任务一 平纹变化组织及织物

一、任务目标

(1) 能绘制重平和方平组织图。
(2) 掌握重平和方平组织的特点。

二、任务描述

绘制平纹变化组织图,分析平纹变化组织织物样品,绘制样品组织图。

三、相关知识

平纹变化组织是在平纹的基础上,沿经纱或纬纱方向延长组织点,或在经和纬两个方向同时延长组织点而形成,分为重平组织和方平组织。

(一) 重平组织

1. 种类

重平组织以平纹为基础,沿经纱或纬纱方向延长组织点而形成,有经重平和纬重平两种。

(1) 经重平:以平纹为基础,沿经纱方向延长组织点而形成,如图 3-1(a) 所示。

(2) 纬重平:以平纹为基础,沿纬纱方向延长组织点而形成,如图 3-1(b) 所示。

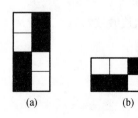

(a)　　　(b)

图 3-1 重平组织

2. 分式表示方法

(1) 经重平:分子表示第一根经纱上的经组织点数,分母表示第一根经纱上的纬组织点数。图 3-1(a)所示组织的分式表示为 $\frac{2}{2}$ 经重平,称作二上二下经重平。

绘制经重平组织时,在第一根经纱上按分式填绘组织点,第二根经纱与第一根经纱的经纬组织点运动规律相反。

经重平组织的组织参数：$R_j = 2$，$R_w = $ 分子＋分母，$F \leqslant 5$

（2）纬重平：分子表示第一根纬纱上的经组织点数，分母表示第一根纬纱上的纬组织点数。图 3-1(b)所示组织的分式表示为 $\dfrac{2}{2}$ 纬重平，称作二上二下纬重平。

绘制纬重平组织时，在第一根纬纱上按分式填绘组织点，第二根纬纱与第一根纬纱的经纬组织点运动规律相反。

纬重平组织的组织参数：$R_w = 2$，$R_j = $ 分子＋分母，$F \leqslant 5$

3. 外观特点

（1）经重平：织物表面呈现横凸条。为使横凸条效果明显，可采用较细经纱、较大经密和较粗纬纱、较小纬密。

（2）纬重平：织物表面呈现纵凸条。为使纵凸条效果明显，可采用较粗经纱、较小经密和较细纬纱、较大纬密。

4. 应用

重平组织除用于服用和装饰织物外，也常用作织物的边组织及毛巾织物的基础组织。例如：麻纱织物通常采用 $\dfrac{1}{2}$ 经重平、$\dfrac{1}{3}$ 变化纬重平；边组织通常采用 $\dfrac{2}{2}$ 经重平、$\dfrac{2}{2}$ 纬重平；毛巾织物的地组织通常采用 $\dfrac{2}{2}$ 经重平、$\dfrac{2}{1}$ 变化经重平。

（二）方平组织

方平组织以平纹为基础，沿经、纬两个方向延长组织点而形成。

1. 分式表示方法

分子表示每根纱线上的经组织点数，分母表示每根纱线上的纬组织点数。图 3-2(a)所示组织的分式表示为 $\dfrac{2}{2}$ 方平，称作二上二下方平；图 3-2(b)所示组织的分式表示为 $\dfrac{2\ 3}{1\ 1}$ 变化方平，称作二上一下三上一下变化方平。

方平组织的组织图绘制步骤：

（1）按经纬纱的交织规律画出第 1 根经纱。

（2）按经纬纱的交织规律画出第 1 根纬纱。

（3）第 1 根纬纱上呈现经组织点的各根经纱的运动规律与第 1 根经纱相同。

（4）第 1 根纬纱上呈现纬组织点的各根经纱的运动规律与第 1 根经纱相反。

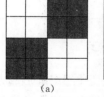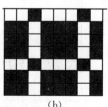

(a)　　　　(b)

图 3-2　方平组织图

方平组织的组织参数：$R_j = R_w = $ 分子＋分母 $\geqslant 4$。

2. 外观特点

方平组织织物表面呈现小方块效应。变化方平组织因经、纬浮长线变化而使得光线反射不同，因而织物表面呈现大小不等的隐格效应。$\dfrac{2}{2}$ 方平组织常用作各种织物的边组织，采用变化方平组织的棉、麻织物则常用作家具与装饰用料，毛织物有女衣呢、花呢等。

四、任务实施

（一）工具和材料

（1）工具：照布镜、分析针、意匠纸、直尺、铅笔、橡皮、剪刀、彩纸、不干胶。

（2）材料：重平、方平织物样品若干。

（二）工作任务

（1）分别绘出 $\dfrac{4}{4}$ 经重平、纬重平；$\dfrac{1\ 2\ 3}{3\ 2\ 1}$ 变化经重平、变化纬重平。

（2）绘出 $\dfrac{2}{2}$ 方平组织和 $\dfrac{4\ 1}{2\ 2}$ 变化方平组织。

（3）用彩纸模拟 $\dfrac{2}{2}$ 方平和 $\dfrac{4\ 1}{2\ 2}$ 变化方平组织。

（4）用照布镜分析重平及方平织物样品的组织结构，并完成下列任务：

① 绘制织物样品的组织图。

② 分析织物样品的密度和经纬纱。

五、任务记录

（1）在意匠纸上绘制上述工作任务（1）与（2）的组织图。

（2）完成织物样品分析并填入下表：

样品组织图	样品密度（根/10 cm）		经纬纱线判别（对应打"√"）	
	经密（P_j）	纬密（P_w）	纱	线
			经	经
			纬	纬
			经	经
			纬	纬

六、思考与练习

（1）试述平纹变化组织的形成方法。

（2）平纹变化组织的组织参数是什么？如何用分式表示？

（3）平纹变化组织的特点是什么？

任务二 斜纹变化组织及织物

一、任务目标

（1）能绘制各类斜纹变化组织图。

（2）掌握各类斜纹变化组织特点。

二、任务描述

绘制斜纹变化组织图,分析斜纹变化组织织物样品,绘制样品组织图。

三、相关知识

斜纹变化组织以原组织斜纹为基础,通过延长组织点、改变飞数的大小和方向、增加斜纹条数等方法而形成。常见斜纹变化组织包括加强斜纹、复合斜纹、角度斜纹、山形斜纹、破斜纹、菱形斜纹、锯齿形斜纹、纹芦席斜纹、曲线斜纹和阴影斜纹等。

(一) 加强斜纹

加强斜纹是在原组织斜纹的单个组织点旁边,沿一个方向(经向或纬向)延长组织点而形成,其组织中没有单个组织点存在。加强斜纹是斜纹变化组织中最简单的一种。

1. 表示方法

$\dfrac{每根经纱上的经组织点数}{每根经纱上的纬组织点数}$＋斜向。图 3-3(a)所示组织的分式为 $\dfrac{2}{2}$ ↗,称作二上二下右斜纹。图 3-3(b)所示组织的分式为 $\dfrac{2}{2}$ ↖,称作二上二下左斜纹。图 3-3(c)所示组织的分式为 $\dfrac{3}{2}$ ↗,称作三上二下右斜纹。图 3-3(d)所示组织的分式为 $\dfrac{2}{3}$ ↗,称作二上三下右斜纹。

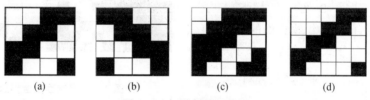

(a)　　　　(b)　　　　(c)　　　　(d)

图 3-3　加强斜纹组织图

注意:由于加强斜纹中没有单独的组织点,故分式中分子和分母均不可能为 1。

加强斜纹的组织参数为 $R_j = R_w =$ 分子＋分母 ≥ 4,$S = \pm 1$。

其组织图绘制步骤同原组织斜纹。

2. 分类

(1) 经面加强斜纹:织物正面的经组织点占优势,其组织分式表示法中分子大于分母。最简单的经面加强斜纹为 $\dfrac{3}{2}$ 斜纹,如图 3-3(c)所示。

(2) 纬面加强斜纹:织物正面的纬组织点占优势,其组织分式表示法中分子小于分母。最简单的纬面加强斜纹为 $\dfrac{2}{3}$ 斜纹,如图 3-3(d)所示。

(3) 同面加强斜纹:织物正面的经、纬组织点数相等,其组织分式表示法中分子等于分母。最简单的同面加强斜纹为 $\dfrac{2}{2}$ 斜纹,如图 3-3(a)和(b)所示。

3. 典型品种

加强斜纹组织中,应用最多的是 $\dfrac{2}{2}$ 斜纹,其浮长不长,织物紧度比平纹大,布身紧密厚实,适用于生产中厚型织物,在棉、毛、丝织物中均有广泛的应用。例如:棉织物中有哔叽、华达呢、卡其;精纺毛织物中有哔叽、华达呢、啥味呢等。

图 3-4　复合斜纹
组织图

（二）复合斜纹

复合斜纹是指在一个组织循环中，由两条或两条以上不同宽度的斜纹线组成的斜纹组织。

1. 表示方法

$\dfrac{每根经纱上的经组织点数}{每根经纱上的纬组织点数}$ + 斜向。图 3-4 所示组织的分式表示为 $\dfrac{1\quad 3}{1\quad 3}\nearrow$，称作一上一下三上三下右斜纹。

复合斜纹组织参数为 $R_j = R_w =$ 分子＋分母 $\geqslant 5$，$S = \pm 1$。

其组织图绘制步骤同原组织斜纹。

2. 分类

（1）经面复合斜纹：织物正面的经组织点占优势，其组织分式表示法中分子大于分母，如图 3-5(a) 所示的 $\dfrac{5\quad 1\quad 1}{1\quad 2\quad 1}\nearrow$ 复合斜纹。

（2）纬面复合斜纹：织物正面的纬组织点占优势，其组织分式表示法中分子小于分母，如图 3-5(b) 所示的 $\dfrac{1\quad 2}{3\quad 2}\nearrow$ 复合斜纹。

（3）同面复合斜纹：织物正面的经、纬组织点数相等，其组织分式表示法中分子等于分母，如图 3-4 所示的 $\dfrac{1\quad 3}{1\quad 3}\nearrow$ 复合斜纹。

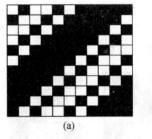
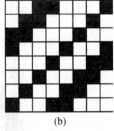

(a)　　　　　　　　(b)

图 3-5　经纬面复合斜纹组织图

3. 典型品种

复合斜纹常用于其他组织的基础组织，典型品种有彩格花呢、粗花呢、线呢等。

（三）角度斜纹

在斜纹组织中，当经纬密度相同（即 $P_j = P_w$）且经向飞数 S_j 与纬向飞数 S_w 均为 ± 1 时，在意匠纸表示的组织图上，其斜纹线与水平线的夹角（称为倾斜角）$\theta = 45°$，如图 3-6(a) 所示。当经纬密度不同时，斜纹线的倾斜角不再等于 $45°$（如哔叽、卡其），若 $P_j > P_w$，则 $\theta > 45°$，如图 3-6(b) 所示；若 $P_j < P_w$，则 $\theta < 45°$，如图 3-6(c) 所示。

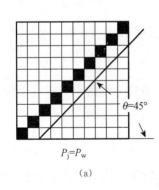
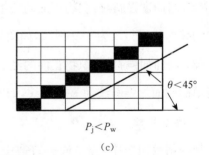

$\theta = 45°$

$\theta > 45°$

$\theta < 45°$

$P_j = P_w$　　　　$P_j > P_w$　　　　$P_j < P_w$

(a)　　　　　　　　(b)　　　　　　　　(c)

图 3-6　经纬密度与斜纹倾斜角

由上图可知 $\tan \theta = \dfrac{P_j}{P_w}$，也就是说，要改变织物表面斜纹线的倾斜角，可以通过改变经纬密度来实现。

此外,还可以通过改变斜纹组织的飞数来改变斜纹线的倾斜角。在经纬密度不变的条件下,增加经向飞数,如把经向飞数 S_j 由 1 增加到 2 或 3,可得到倾斜角大于 $45°$ 的斜纹,这种斜纹称为急斜纹。图 3-7 中有三条急斜纹: $S_j = 2, \theta = 63°$; $S_j = 3, \theta = 72°$; $S_j = 4$, $\theta = 76°$ 。同理,增加纬向飞数,如把纬向飞数 S_w 由 1 增加到 2 或 3,可得到倾斜角小于 $45°$ 的斜纹,这种斜纹称为缓斜纹。图 3-7 中有三条缓斜纹: $S_w = 2, \theta = 27°$; $S_w = 3, \theta = 16°$; $S_w = 4, \theta = 14°$ 。由此可见,斜纹倾斜角与 S_j 成正比,与 S_w 成反比,即 $\tan\theta = \dfrac{S_j}{S_w}$ 。

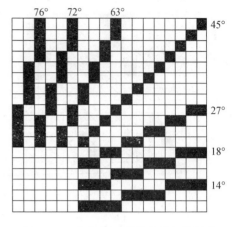

图 3-7　组织飞数对斜纹倾斜角的影响

如果同时考虑经纬密度与经纬向飞数对织物表面斜纹倾斜角的影响,则有:

$$\tan\theta = \frac{P_j \times S_j}{P_w \times S_w}$$

1. 组织图绘制

(1) 选择基础组织:通常采用加强斜纹和复合斜纹等作为基础组织。

(2) 确定飞数:飞数的绝对值应大于 1,并且小于或等于基础组织中最大浮长的组织点数,以较好地体现斜纹的连续趋势和角度,一般为 2、3、4。

(3) 确定组织循环纱线数 R :

① 急斜纹组织: $R_j = \dfrac{\text{基础组织的循环经纱数}}{\text{基础组织的循环经纱数与} \left| S_j \right| \text{的最大公约数}}$

$R_w = $ 基础组织的循环纬纱数

② 缓斜纹组织: $R_j = $ 基础组织的循环经纱数

$R_w = \dfrac{\text{基础组织的循环纬纱数}}{\text{基础组织的循环纬纱数与} \left| S_w \right| \text{的最大公约数}}$

(4) 填绘组织图:对于急斜纹,先按基础组织从左边第 1 纵格起填绘组织点,然后按 S_j 依次填绘其他纵格;对于缓斜纹,先按基础组织从下方第 1 横格起填绘组织点,然后按 S_w 依次填绘其他横格。

图 3-8 中,(a) 所示是以 $\dfrac{5\ \ 5}{1\ \ 2}\nearrow$ 为基础组织,按 $S_j = 2$ 绘制的急斜纹组织图, $R_j = R_w = 13$;(b) 所示是以 $\dfrac{4\ \ 3\ \ 2}{2\ \ 2\ \ 1}\nearrow$ 为基础组织,按 $S_j = 2$ 绘制的急斜纹组织图, $R_j = 7, R_w = 14$;(c) 所示是以 $\dfrac{6\ \ 1}{3\ \ 3}\nearrow$ 为基础组织,按 $S_w = 3$ 绘制的缓斜纹组织图, $R_j = R_w = 13$ 。

2. 典型品种

急斜纹组织在棉、毛与仿毛织物中应用较广泛。这类织物往往采用较高的经密,布面有明显而突出的斜纹纹路,斜纹线倾斜角较大,织物厚实,适宜于制作外衣裤。急斜纹织物的典型

品种有:

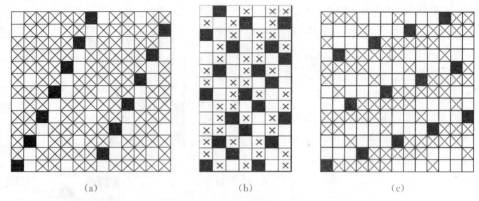

图 3-8 急、缓斜纹组织图

(1)棉织物:克罗丁、粗服呢等。

(2)毛织物:直贡呢、马裤呢、巧克丁、女式呢等。

(四) 山形斜纹

以斜纹组织为基础组织,在一定的位置改变基础组织的经向飞数或纬向飞数的正负号,使斜纹的斜向相反,形成类似于山峰形状的组织,称为山形斜纹。

1. 种类

(1)经山形斜纹:山峰方向与经纱方向相同,如图 3-9(a)所示。

(2)纬山形斜纹:山峰方向与纬纱方向相同,如图 3-9(b)所示。

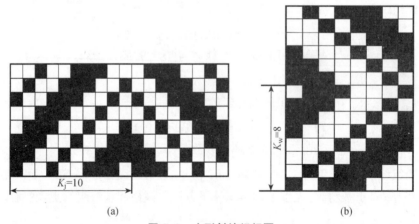

图 3-9 山形斜纹组织图

由上图可以看出,山形斜纹的特点是以形成峰顶(或谷底)的一根纱线(经山形为经纱、纬山形为纬纱)为轴线,呈两侧对称。即它是以斜纹方向改变之前的第 1 根及 K_j(或 K_w)纱线作为对称轴,在它的左右位置的经纱,其组织点沉浮规律相同。

2. 组织图绘制

(1)经山形斜纹:

以图 3-9(a)为例,其基础组织为 $\dfrac{3}{2}\dfrac{1}{2}\nearrow$,$K_j = 10$。

① 确定组织循环纱线数。$R_j = 2K_j - 2$,$R_w = $ 基础组织的组织循环纬纱数。

本例中，$R_j = 2 \times 10 - 2 = 18$，$R_w = 8$。

② 填绘组织图。从第 1 根到第 K_j 根(本例为第 10 根)经纱，按顺序填绘基础组织；从第 (K_j+1) 根(本例为第 11 根)经纱开始，按与基础组织相反的斜纹方向，逐根填绘组织点，直到完成一个循环。

(2) 纬山形斜纹：

纬山形斜纹的绘制方法与经山形相似。从第 1 根到第 K_w 根纬纱，按顺序填绘基础组织；从第 (K_w+1) 根纬纱开始，按与基础组织相反的斜纹方向，逐根填绘组织点，直到完成一个循环。$R_j =$ 基础组织的组织循环纱线数，$R_w = 2K_w - 2$。

图 3-9(b)所示是以 $\dfrac{1\quad 3}{1\quad 3}\nearrow$ 为基础组织，$K_w = 8$ 绘作的纬山形斜纹。

3. 典型品种

山形斜纹组织广泛应用于棉、毛及中长纤维织物，其典型品种包括：

(1) 棉织物：人字呢、男线呢、床单。

(2) 毛织物：花呢、大衣呢、女式呢等。

(五) 破斜纹

破斜纹与山形斜纹一样，也是由左斜纹和右斜纹组合而成的。破斜纹和山形斜纹的不同点在于，破斜纹的左右斜纹的交界处有一条明显的分界线，在分界线两侧的纱线，其经纬组织点相反，即在改变斜纹方向的位置，组织点不连续，从而呈现间断状态。左右斜纹呈破断状的分界线称为断界，它是破斜纹组织的重要特征。

1. 种类

按断界所指的方向不同，有经破斜纹和纬破斜纹之分。

(1) 经破斜纹：断界沿经纱方向的破斜纹组织，如图 3-10(a)所示。

(2) 纬破斜纹：断界沿纬纱方向的破斜纹组织，如图 3-10(b)所示。

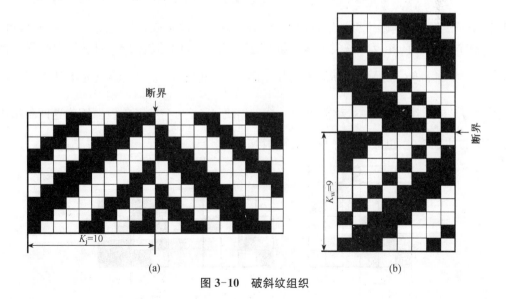

图 3-10 破斜纹组织

2. 组织图绘制

(1) 以同面斜纹为基础的破斜纹组织：

这类破斜纹组织常用加强斜纹和复合斜纹作为基础组织,其组织图绘制步骤如下:

① 基础组织的选用。常采用加强斜纹组织或复合斜纹组织。

② 确定 K_j 或 K_w。K_j、K_w 值根据织物外观要求选定。

③ 确定组织循环纱线数。对于经破斜纹,$R_j = 2K_j$,$R_w =$ 基础组织的组织循环纬纱数。对于纬破斜纹,$R_j =$ 基础组织的组织循环经纱数,$R_w = 2K_w$。

④ 填绘组织图。断界两侧的斜纹线方向要改变,而且组织点须完全相反,即把经组织点改成纬组织点、纬组织点改成经组织点。这种绘图方法称为底片翻转法。

a. 从第 1 根纱到第 K_j(或 K_w)根经(或纬)纱,按基础组织填绘组织点。

b. 从第 (K_j+1) 经纱或 (K_w+1) 根纬纱到 $2K_j$ 经纱或 $2K_w$ 根纬纱,按照底片翻转法填绘,直至完成一个组织循环。

图 3-10 中,(a) 是以 $\dfrac{3\ \ 2}{2\ \ 3}$↗ 为基础组织,$K_j = 10$ 绘制的破斜纹,其中 $R_j = 20$,$R_w = 10$;

图 3-10(b) 是以 $\dfrac{3\ \ 1}{3\ \ 1}$↗ 斜纹为基础组织,$K_w = 9$ 绘制的破斜纹,其中 $R_j = 8$,$R_w = 18$。

(2) 以原组织斜纹为基础的破斜纹组织:

这类破斜纹组织的组织图绘作方法如下:

① 基础组织的选用。常用 4 枚或 6 枚原组织斜纹。

② 确定 K_j 或 K_w。K_j 或 K_w 等于基础组织的组织循环纱线数的二分之一。

③ 确定组织循环纱线数。其大小与基础组织相同。

④ 填绘组织图。

a. 断界前面的几根经纱按基础组织填绘。

b. 断界后面的经纱,调换其基础组织作图顺序,使斜纹方向相反。

图 3-11(a) 是以 $\dfrac{1}{5}$ 斜纹为基础组织绘制的破斜纹组织,$K_j = 3$,$R_j = R_w = 6$。可以看出,第 1 至第 3 根经纱按基础组织填绘,而第 4 至第 6 根经纱按基础组织的第 6、5、4 根经纱的顺序填绘,使斜纹的方向相反。这类破斜纹组织,虽然断界两侧的斜纹方向相反,但断界两侧的组织点不呈底片翻转关系,所以断界不明显。图 3-11 中,(b) 以 $\dfrac{1}{3}$ 斜纹为基础组织,(c) 以 $\dfrac{3}{1}$ 斜纹为基础组织,企业一般称前者为 $\dfrac{1}{3}$ 破斜纹,后者为 $\dfrac{3}{1}$ 破斜纹。因为这两种组织有缎纹组织的外观效应,也被称为 4 枚不规则缎纹。

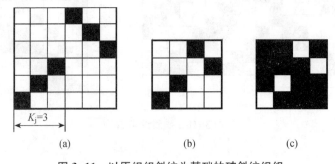

(a)　　　　　　　(b)　　　　　　　(c)

图 3-11　以原组织斜纹为基础的破斜纹组织

3. 典型品种

破斜纹组织由于断界明显,织物表面可呈现清晰的人字形效应,因此较山形斜纹的应用普遍,尤其在棉、毛织物中应用广泛,如棉织物中的线呢、床单布及毛织物中的人字呢等,也常用于制织毯类织物等。

(六) 菱形斜纹

菱形斜纹是由经山形斜纹与纬山形斜纹或经破斜纹与纬破斜纹联合,使斜纹线构成菱形图案的组织。

1. 组织图绘制

(1)选定基础组织。原组织斜纹、加强斜纹和复合斜纹均可用作菱形斜纹的基础组织。

(2)确定 K_j 和 K_w。K_j 和 K_w 可以相同,也可以不相同;可以等于或不等于基础组织的组织循环纱线数。

(3)确定组织循环纱线数。若按山形斜纹构作菱形斜纹,则 $R_j = 2K_j - 2$,$R_w = 2K_w - 2$;若按破斜纹构作菱形斜纹,则 $R_j = 2K_j$,$R_w = 2K_w$。

(4)填绘组织图。

① 在 K_j、K_w 范围内,按基础组织填绘,画出菱形斜纹的基础部分。

注意:当 $K > R_0$ 时,可先画出 2×2 个基础组织,再将 K_j、K_w 外的部分擦去。

② 以 $K_j(K_w)$ 为对称轴,画出经(纬)山形斜纹,或者画出经(纬)破斜纹,这样就完成了所求菱形斜纹的一半。

③ 根据山形斜纹的对称原理或破斜纹的底片翻转关系,画出菱形斜纹的另外一半的图形。

图 3-12 中,(a)是以 $\dfrac{1}{3} \nearrow$ 为基础组织,$K_j = K_w = 4$,$R_j = R_w = 6$ 构作的菱形斜纹;(b)是以 $\dfrac{2\ \ 1}{1\ \ 2} \nearrow$ 为基础组织,$K_j = 8$,$K_w = 10$,$R_j = 14$,$R_w = 18$,按山形斜纹构作的菱形斜纹;(c)是以 $\dfrac{2\ \ 1}{1\ \ 2} \nearrow$ 为基础组织,$K_j = K_w = 8$,$R_j = R_w = 16$,按破斜纹构作的菱形斜纹。

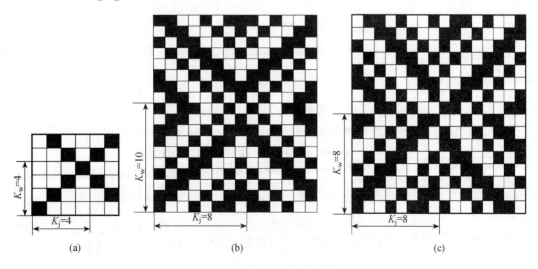

图 3-12 菱形斜纹组织

2. 典型品种

菱形斜纹组织花型对称、变化繁多、花纹细致美观,适用于各类服装及装饰织物。棉织物有女线呢、床单布等,毛织物有各种花呢等。

(七) 锯齿形斜纹

锯齿形斜纹由山形斜纹变化而来。山形斜纹的各山峰的峰顶位于同一水平线,如将其加以变化,使各山峰的峰顶在一条斜纹线上,各山形连成锯齿状,则形成锯齿形斜纹。锯齿形斜纹按峰顶指向不同,有经锯齿形斜纹与纬锯齿形斜纹。在组织图上,每一齿顶高(或低)于前一齿顶的方格数称为锯齿飞数。

下面以图 3-13 所示的经锯齿形斜纹为例来说明其组织图绘制方法。

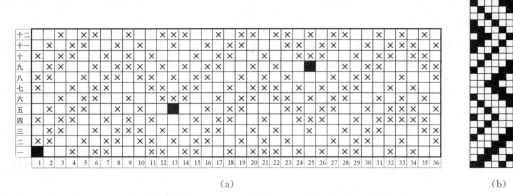

(a)　　　　　　　　　　　　　(b)

图 3-13　锯齿形斜纹

(1)选用基础组织。可选用原组织斜纹、加强斜纹和复合斜纹作为基础组织,本例中采用 $\frac{2\ \ 1}{1\ \ 2}$ 为基础组织。

(2)确定 K_j。本例中 $K_j = 9$(其值决定锯齿折线的跨度)。

(3)确定锯齿飞数 S'。相邻两齿顶(或齿谷)间相差的纬纱数称为经向锯齿飞数,本例中 $S' = 4$,S' 应为 $1 \leqslant S' \leqslant K-2$,这样才能保证锯齿产生位差而连续)。

(4)确定组织循环纱线数 R_j 和 R_w。在计算 R_j 之前,须算出一个锯齿的经纱数与一个组织循环的锯齿数。一个锯齿的经纱数 $=(2K_j-2)-$ 锯齿飞数 $=(2 \times 9-2)-4=12$。

$$锯齿数 = \frac{基础组织的组织循环纱线数}{基础组织的组织循环纱线数与锯齿飞数的最大公约数}$$

$$= \frac{6}{6 \text{与} 4 \text{的最大公约数}} = \frac{6}{2} = 3$$

则 R_j = 锯齿数×一个锯齿的经纱数 = 3×12 = 36，R_w = 基础组织的组织循环纬纱数 = 6。

（5）绘作组织图。在方格纸上画出组织图的范围及每个锯齿的范围，并按照锯齿飞数画出每个锯齿的第 1 根经纱的起点，如图 3-13(a) 中符号"■"所示。在已确定的一个组织循环内，从第 1 根到第 K_j 根经纱，按顺序填绘基础组织。从第 (K_j+1) 根经纱开始，按与基础组织相反的斜纹线填绘组织点，直至一个锯齿画完。同理，绘作其他锯齿。

纬锯齿形斜纹的作图方法与经锯齿形斜纹类似。图 3-13(b) 所示是以 $\frac{2}{2}\frac{1}{3}$ 复合斜纹为基础组织，$K_w = 8$，纬向锯齿飞数 = 2 绘制的纬锯齿形斜纹组织图，图中一个锯齿的纬纱数 = 12，一个组织循环的锯齿数 = 4，$R_j = 8$，$R_w = 48$。

锯齿形斜纹组织的纹路曲折，花纹美观，可用于服装用及装饰用织物。

（八）芦席斜纹

芦席斜纹亦是变化斜纹线的方向，由一部分右斜纹和一部分左斜纹组合而成，其外形好像编织的芦席，如图 3-14(d) 所示。现以基础组织为 $\frac{2}{2}$ 斜纹，同一方向的平行斜纹线条数为 3 的芦席斜纹为例来说明其组织图绘制方法。

（1）选定基础组织。通常以同面加强斜纹作为基础组织。本例中采用 $\frac{2}{2}$ 斜纹。

（2）确定同一方向的平行斜纹线条数，通常为 2、3 或 4 条。本例中为 3 条。

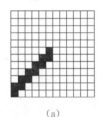
(a)
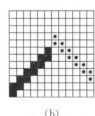
(b)
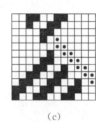
(c)
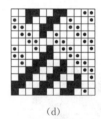
(d)

图 3-14 芦席斜纹组织图例

（3）确定组织循环纱线数。$R_j = R_w$ = 基础组织的组织循环纱线数×同一方向的平行斜纹线条数。本例中，同一方向的平行斜纹线条数为 3，则 $R_j = R_w = 4×3 = 12$。

（4）填绘组织图。

① 把按上述确定的组织循环纱线数沿经向分为相等的左、右两个部分。

② 从左半部分的左下角开始，按基础组织规律填绘第 1 条右斜纹线，直到左半部分的最后一根经纱（第 $\frac{R}{2}$ 根）为止，如图 3-14(a) 中符号"■"所示。

③ 在右半部分，将第 1 条斜纹线（第 $\frac{R}{2}+1$ 根）的顶端向上移动基础组织的连续组织点数（本例中为 2），并以此作为起点，向下画方向相反的左斜纹线，如图 3-14(b) 中符号"●"所示。

④ 按基础组织的沉浮规律，画出其余 2 条右斜纹，其长度与第 1 条右斜纹相同（即占用的经纱数相同），且不与左斜纹连续，如图 3-14(c) 所示。

⑤ 同理，画出其余 2 条左斜纹，其长度与第 1 条左斜纹相同（即占用的经纱数相同），且不与右斜纹连续，如图 3-14(d) 所示。

因此,最后完成的图 3-14(d)即是以 $\frac{2}{2}$ 双面加强斜纹为基础组织,同方向斜纹条数等于 3,组织循环经(纬)纱数均等于 12 的芦席斜纹组织图。

图 3-15 中,(a)是以 $\frac{2}{2}$ 加强斜纹为基础组织,同一方向有 2 条斜纹线的芦席斜纹组织;(b)是以 $\frac{2}{2}$ 加强斜纹为基础组织,同一方向有 4 条斜纹线的芦席斜纹组织;(c)是以 $\frac{3}{3}$ 加强斜纹为基础组织,同一方向有 3 条斜纹线的芦席斜纹组织。

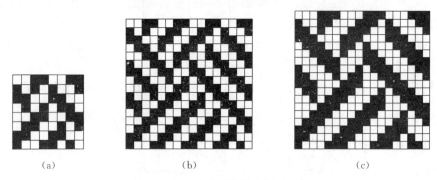

(a)　　　　　　　(b)　　　　　　　(c)

图 3-15　几种典型的芦席斜纹组织

由基本的芦席斜纹组织可以变化出许多复杂、美观的组织,如图 3-16 所示。芦席斜纹花纹精致美观,在棉织物、化纤织物中用于女线呢、仿毛花呢等,毛织物中用于各类花呢与女线呢等。

图 3-16　几种变化芦席斜纹组织

（九）　曲线斜纹

不断地改变组织飞数,使斜纹倾角连续变化,从而获得的斜纹纹路呈曲线状的斜纹组织,称为曲线斜纹。当组织飞数增加时,斜纹倾斜角增大;反之,则斜纹的倾斜角减小。变化经向飞数,则构成经曲线斜纹;变化纬向飞数,则构成纬曲线斜纹。

设计曲线斜纹时,通常采用原组织斜纹、加强斜纹或复合斜纹作为基础组织。组织飞数原则上可以任意选定,但必须符合以下条件:

第一,选用的各飞数值之和应等于零,即 $\sum S_j = 0$,或等于基础组织的组织循环完全经纱(或纬)数的整倍数;

第二,最大的飞数值必须小于基础组织的最长的浮线长度,以保证曲线连续。

曲线斜纹的组织图绘制:

(1) 确定组织循环纱线数。对于经曲线斜纹,R_j = 经向飞数的个数之和,R_w = 基础组织的组织循环纬纱数;对于纬曲线斜纹,R_j = 基础组织的组织循环经纱数,R_w = 纬向飞数的个数之和。

(2) 绘制方法。在第一根纱线(经曲线斜纹为第一根经纱,纬曲线斜纹为第一根纬纱)上,按基础组织填绘组织点,其余纱线按照确定的飞数逐根填绘。

图 3-17(a) 所示的曲线斜纹是以 $\dfrac{4\ 1\ 1}{3\ 1\ 3}$ 复合斜纹为基础组织,$S_j = 0$、1、0、1、0、1、0、1、1、0、1、1、1、1、2、1、2、2、2、2、1、2、1、1、1、1、1、0、1、1、2、1、2、1、1、0、1、1,$\sum S_j = 0$,$R_j = 38$,$R_w = 13$。

如果基础组织不变,而变化经向飞数,则可获得不同的经曲线斜纹。现仍采用图3-17(a)所用的基础组织 $\dfrac{4\ 1\ 1}{3\ 1\ 3}$,将经向飞数改为 $S_j = 2$、2、2、1、1、1、1、0、1、0、−1、0、−1、−1、−1、−1、−2、−2、−2、−1、−1、−1、−1、0、−1、0、1、0、1、1、1、1,即 $\sum S_j = 0$,$R_j = 32$,$R_w = 13$。按此绘作的经曲线斜纹的组织图如图3-17(b) 所示。

纬曲线斜纹的作图方法与经曲线斜纹相似。图 3-18 是以 $\dfrac{3\ 1}{3\ 1}$ 斜纹为基础组织,按下例纬向飞数变化而形成的纬曲线斜纹:$S_w = 1$、1、1、1、0、1、1、0、1、0、1、0、0、−1、0、−1、0、−1、−1、0、−1、−1、−1、−1、−1、−1、−1、0、−1、−1、0、−1、0、−1、0、0、1、0、1、0、1、1、0、1、1、1、1、−1。

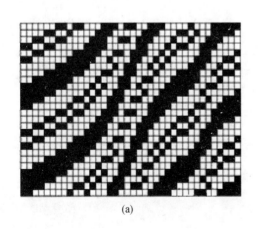

(a)

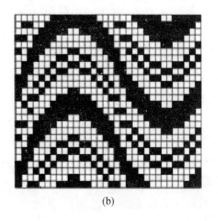

(b)

图 3-17　两种经曲线斜纹组织

图 3-18　纬曲线斜纹组织

曲线斜纹多用于棉与毛的服装及装饰用织物,如棉色织女线呢、毛粗花呢、大衣呢等。

（十） 阴影斜纹

阴影斜纹是一种由纬面斜纹过渡到经面斜纹或由经面斜纹过渡到纬面斜纹的斜纹组织。这种组织的织物表面呈现由明到暗或由暗到明的外观效应。沿经向过渡变化而形成的称为经向阴影斜纹，如图3-19（a）所示；沿纬向过渡变化而形成的称为纬向阴影斜纹，如图3-19（b）所示；由经纬向同时过渡而形成的称为双向阴影斜纹，如图3-19（c）所示。提花织物常用阴影斜纹来表现影光层次效果。

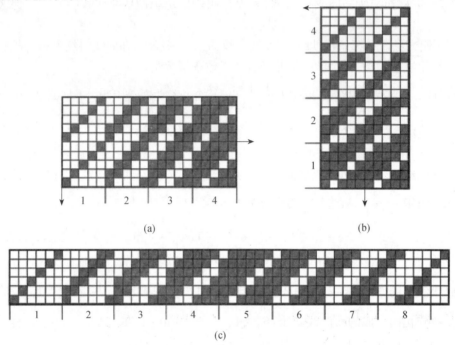

图3-19　阴影斜纹组织

阴影斜纹的组织图绘制步骤如下：

（1）基础组织的选定。选择原组织斜纹为基础组织。

（2）确定组织循环纱线数。在确定组织循环纱线数之前，需求出由纬（经）面过渡到经（纬）面所需要的基础组织个数，即过渡循环数。过渡循环数等于基础组织的组织循环纱线数减1，由此得阴影斜纹的组织循环纱线数。对于经向阴影斜纹，R_j ＝ 基础组织的组织循环纱线数 ×（基础组织的组织循环纱线数 － 1），R_w ＝ 基础组织的组织循环纱线数。对于纬向阴影斜纹 R_j ＝ 基础组织的组织循环纱线数，R_w ＝ 基础组织的组织循环纱线数 ×（基础组织的组织循环纱线数 － 1）。

（3）首先，在每个过渡循环中画基础组织；然后，依次在每个循环内，在经或纬组织点旁边，增加1个组织点，如在第二个过渡循环中，在原有的组织点旁边增加1个组织点；在第三个过渡循环中，在原有的组织点旁边连续增加2个组织点，直到绘完一个组织循环。

阴影斜纹一般用于大提花织物的阴影部分。

四、任务实施

（一） 工具和材料

（1）工具：照布镜、分析针、意匠纸、直尺、铅笔、橡皮、剪刀、彩纸、不干胶。

（2）材料：斜纹变化组织织物样品若干。

（二）工作任务

1. 加强斜纹、复合斜纹和角度斜纹

（1）绘制下列斜纹变化组织图：

① $\dfrac{4}{2}\nearrow$ 和 $\dfrac{2}{4}\nearrow$ 加强斜纹。

② $\dfrac{3\ 2}{2\ 1}\nearrow$ 复合经面斜纹，$\dfrac{1\ 2}{3\ 2}\nearrow$ 复合纬面斜纹。

③ 以 $\dfrac{4\ 3\ 2}{2\ 2\ 1}\nearrow$ 为基础组织，$S_j = 2$ 的急斜纹；以 $\dfrac{6\ 3}{1\ 3}\nearrow$ 为基础组织，$S_w = 2$ 的缓斜纹。

（2）用照布镜分析下发织物样品的组织结构和经纬密度。

（3）任务记录：

① 在意匠纸上分别绘制上述斜纹变化组织图，并用彩纸模拟加强斜纹和复合斜纹组织图。

② 将织物样品分析结果填入下表：

样品组织图	样品密度（根数/10cm）	
	经密（P_j)	纬密（P_w)
（组织图略）		

2. 山形斜纹

（1）分别绘制下列斜纹组织图：

① 以 $\dfrac{3\ 1}{2\ 2}\nearrow$ 为基础组织，$K_j = 10$ 的经山形斜纹。

② 以 $\dfrac{1\ 3}{1\ 3}\nearrow$ 为基础组织，$K_w = 8$ 的纬山形斜纹。

（2）用彩纸模拟上述斜纹组织图。

（3）用照布镜分析下发织物（羽纱）织物样品组织结构和织物经纬密度。

（4）任务记录：

① 在意匠纸上绘制以 $\dfrac{3\ 1}{2\ 2}\nearrow$ 为基础组织，$K_j = 10$ 的经山形斜纹组织图；以 $\dfrac{1\ 3}{1\ 3}\nearrow$ 为基础组织，$K_w = 8$ 的纬山形斜纹组织图。

② 用彩纸模拟上述斜纹组织图。

③ 完成织物样品分析并填入下表：

样品组织图	样品密度（根/10 cm）	
	经密（P_j）	纬密（P_w）

3. 破斜纹

（1）分别绘制下列斜纹组织图：

① 以 $\dfrac{3\ 2}{2\ 3}\nearrow$ 为基础组织，$K_j = 10$ 的经破斜纹。

② 以 $\dfrac{3\ 1}{3\ 1}\nearrow$ 为基础组织，$K_w = 9$ 的纬破斜纹。

（2）用彩纸模拟上述斜纹组织图。

（3）用照布镜分析下发织物样品（人字形花呢）的组织结构和经纬密度。

（4）任务记录：

① 在意匠纸上绘制以 $\dfrac{3\ 2}{2\ 3}\nearrow$ 为基础组织，$K_j = 10$ 的经破斜纹组织图；以 $\dfrac{3\ 1}{1}\nearrow$ 为基础组织，$K_w = 9$ 的纬破斜纹组织图。

② 用彩纸模拟上述斜纹组织图。

③ 完成织物样品分析并填入下表：

样品组织图	样品密度（根/10 cm）	
	经密（P_j）	纬密（P_w）

4. 菱形斜纹

（1）分别绘制下列斜纹组织图：

① 以 $\dfrac{2\ 1}{1\ 2}\nearrow$ 为基础组织，$K_j = 8$，$K_w = 10$ 的菱形斜纹。

② 以 $\dfrac{2\quad1}{1\quad2}\nearrow$ 为基础组织，$K_j = K_w = 8$ 的菱形破斜纹。

（2）用彩纸模拟上述斜纹组织图。

（3）任务记录：

① 在意匠纸上绘制以 $\dfrac{2\quad1}{1\quad2}\nearrow$ 为基础组织，$K_j = 8$，$K_w = 10$ 的菱形斜纹组织图；以

$\dfrac{2\quad1}{1\quad2}\nearrow$ 为基础组织，$K_j = K_w = 8$ 的菱形破斜纹组织图。

② 用彩纸模拟上述斜纹组织图。

5．锯齿斜纹

（1）分别绘制下列斜纹组织图：

① 以 $\dfrac{3}{3}\nearrow$ 为基础组织，$K_j = 8$，锯齿飞数 $S' = 3$ 的经锯齿斜纹；以 $\dfrac{2\quad1}{1\quad2}\nearrow$ 为基础组

织，$K_w = 6$，锯齿飞数 $S' = 2$ 的纬锯齿斜纹。

② 用彩纸模拟上述斜纹组织图。

（2）任务记录：

① 在意匠纸上绘制以 $\dfrac{3}{3}\nearrow$ 为基础组织，$K_j = 8$，锯齿飞数 $S' = 3$ 的经锯齿斜纹；以

$\dfrac{2\quad1}{1\quad2}\nearrow$ 为基础组织，$K_w = 6$，锯齿飞数 $S' = 2$ 的纬锯齿斜纹。

② 用彩纸模拟上述斜纹组织图。

6．曲线斜纹、阴影斜纹和芦席斜纹

（1）分别绘制下列斜纹组织图：

① 以 $\dfrac{3\quad1}{2\quad2}\nearrow$ 为基础组织，按变化的经向飞数（S_j 为 1、1、0、1、0、1、0、1、0、0、−1、

0、−1、0、−1、0、−1、−1）构作的曲线斜纹。

② 以 $\dfrac{1}{4}$ 斜纹为基础组织，沿横向过渡（纬面→经面→纬面）的阴影斜纹。

③ 以 $\dfrac{2}{2}$ 斜纹为基础组织，具有 4 条斜纹线的芦席斜纹。

④ 以 $\dfrac{3}{3}$ 斜纹为基础组织，具有 4 条斜纹线的芦席斜纹。

（2）用彩纸模拟上述斜纹组织图。

（3）任务记录：

① 在意匠纸上分别绘制上述斜纹组织图。

② 用彩纸模拟上述斜纹组织图。

五、思考与练习

（1）斜纹变化组织的特点是什么？

（2）常见斜纹变化组织有哪几类？有什么特点？有何用途？

（3）如何绘制斜纹变化组织的组织图？

任务三 缎纹变化组织及其织物

一、任务目标

（1）能绘制各类缎纹变化组织图。

（2）掌握各类缎纹变化组织特点。

二、任务描述

绘制缎纹变化组织图，分析缎纹变化组织织物样品并绘制其组织图。

三、相关知识

缎纹变化组织主要采用增加经(纬)组织点、变化组织点飞数或延长组织点的方法构成，主要有加强缎纹、变则缎纹、重缎纹及阴影缎纹。

（一）加强缎纹

加强缎纹是以原组织缎纹为基础，在其单个经(纬)组织点四周添加单个或多个经(纬)组织点而形成的。

加强缎纹的组织纱线循环数仍等于基础缎纹的纱线循环组织数，能保持原组织缎纹的基本特性。图 3-20(a)至(c)所示均为八枚五飞纬面加强缎纹，(a)是在原来组织的单个经组织点的右侧添加 1 个经组织点，(b)是在原来组织的单个经组织点的上边添加 1 个经组织点，(c)是在原来组织的单个经组织点的左上方添加 1 个经组织点。这种形式的加强缎纹一般用于刮绒织物。因增加经组织点后再经过刮绒，可防止纬纱移动，同时能增加织物牢度。

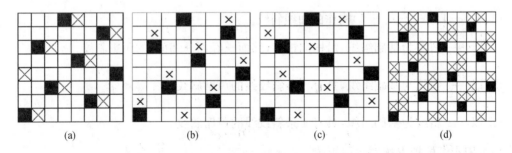

（a）　　　　　（b）　　　　　（c）　　　　　（d）

图 3-20　加强缎纹组织

加强缎纹由于添加了组织点而增加了纱线的交织次数，在提高织物牢度的同时，可获得某些新的织物外观和风格。如图 3-20(d)所示的十一枚七飞纬面加强缎纹组织，它是在原来组织的单个经组织点的右上方添加 3 个经组织点而构成。采用此组织，若配以较大的经密，可以获得正面呈斜纹而反面呈经面缎纹的外观，所得织物称为缎背华达呢。这是一种紧密厚重的精纺毛织物，手感丰厚，外观挺括，弹性好。

（二）变则缎纹

原组织缎纹中，飞数是一个常数，故也称为正则缎纹。如果在一个组织循环中，飞数采用几个不同的数值，所构成的缎纹组织则称为变则缎纹，如图 3-21 所示。

在原组织缎纹中，当 $R=6$ 时，不能构成正则缎纹。但由于设计与织造的原因，需要采用六枚缎纹时，就必须使用飞数为变数，构作变则缎纹。图 3-21(a) 所示的六枚变则缎纹，其纬向飞数为 4、3、2、2、3、4，$\sum S_w = 18$。

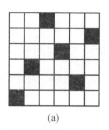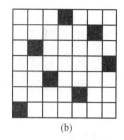

图 3-21　变则缎纹组织

有些缎纹组织，如七枚缎纹，无论飞数取何值，组织点分布都不太均匀，斜纹倾向非常明显，如图 3-22 所示。如果想获得组织点分布较均匀的七枚缎纹，需采用变则缎纹，如图 3-21(b) 所示，其纬向飞数为 4、5、4、2、4、5、4。

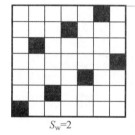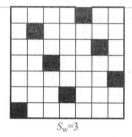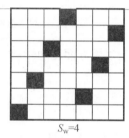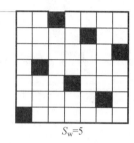

$S_w=2$　　$S_w=3$　　$S_w=4$　　$S_w=5$

图 3-22　七枚正则缎纹组织

变则缎纹在各类织物中均有应用。设计变则缎纹时，要求 $\sum S = nR$，$1 < S < R-1$，且组织点分布尽量均匀。

（三）重缎纹

延长缎纹组织的经（或纬）向组织循环纱线数，也就是延长组织点的纬向（或经向）浮长所得到的组织，称为重缎纹。重缎纹仍保持缎纹的外观，但由于组织循环变大、浮长线加长，织物较松软，常用于粗纺女式呢、粗花呢和手帕织物。

图 3-23 中，(a) 为五枚纬面重经缎纹，其单独经组织点沿纬向延长，织物中出现并经；(b) 为五枚经面重纬缎纹，其单独纬组织点沿经向延长，织物中出现双纬；(c) 是五枚经纬向重缎纹，其单独经组织点沿经、纬两个方向延长，织物中出现并经、双纬。

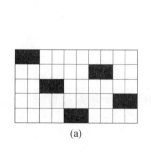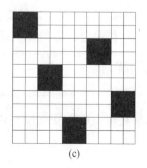

(a)　　(b)　　(c)

图 3-23　重缎纹组织

（四）阴影缎纹

阴影缎纹和阴影斜纹一样，是由纬面缎纹逐渐过渡到经面缎纹或由经面缎纹逐渐过渡到纬面缎纹的一种缎纹变化组织，它所构成的织物呈现出由明到暗或由暗到明的外观缎纹效果。

图 3-24 所示是以 $\dfrac{5}{2}$ 为基础组织构成的经向阴影缎纹。绘制阴影缎纹的方法与阴影斜纹相同。五枚缎纹的过渡数 $n=(R_0-1)\times2=8$，$R_j=5\times8=40$，$R_w=5$，其中 R_0 指基础组织循环纱线数。

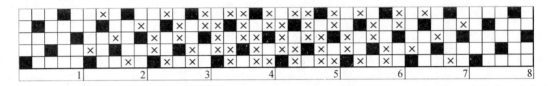

图 3-24　五枚经向阴影缎纹

阴影缎纹在表现影光效果方面比阴影斜纹更好，常用于毛及丝织提花织物。

四、任务实施

（一）工具和材料

（1）工具：照布镜、分析针、意匠纸、直尺、铅笔、橡皮、剪刀、彩纸、不干胶。

（2）材料：变化缎纹织物样品若干。

（二）工作任务

（1）绘制 $\dfrac{8}{3}$ 纬面加强 2 个经组织点的重经缎纹及 $\dfrac{5}{2}$ 经面加强 1 个纬组织点的重纬缎纹组织图。

（2）绘制 $\dfrac{8}{5}$ 经面重纬缎纹及 $\dfrac{8}{5}$ 纬面重经缎纹组织图。

（3）以 $\dfrac{8}{5}$ 纬面缎纹为基础组织，沿着纬向由纬面过渡到经面，构作阴影缎纹组织图。

（4）用照布镜分析织物样品的组织结构。

五、任务记录

（1）用彩纸模拟工作任务（1）的变化缎纹组织图。

（2）完成织物样品分析并绘制其组织图。

六、思考与练习

（1）缎纹变化组织的变化方法有哪些？

（2）正则缎纹组织中为什么没有六枚正则缎纹？如果要绘制六枚缎纹，应该采用哪种缎纹变化组织方法？

项目四

联合组织及织物

联合组织是由两种及两种以上的原组织或变化组织,用各种不同方法联合而成的组织,其织物表面可呈现几何图形或小花纹。按联合方法和外观效应不同,联合组织主要分为条格组织、绉组织、蜂巢组织、透孔组织、凸条组织、网目组织、小提花组织等。

任务一 条格组织及织物

一、任务目标

(1) 能绘制纵条格、横条格和方格组织图。
(2) 掌握各类条格组织的特点。

二、任务描述

绘制条格组织图,分析条格组织织物样品并绘制样品组织图。

三、相关知识

运用两种或两种以上组织并排配置,使织物表面呈现条纹或格子花纹的组织称为条格组织。为使条格花纹清晰,组织必须配置得当。此外,还可以使用不同原料(包括粗细、捻度、捻向、光泽等),或采用不同的色纱配合,以增强条格效应。条格组织可以分为纵条纹组织、横条纹组织和方格组织。

(一) 纵条纹组织

在织物表面沿横向并排配置两种或两种以上不同组织,以形成纵向条纹效应的组织,称为纵条纹组织,如图 4-1 所示。

1. 构作原则

(1) 在纵条纹交界处,为使界线清晰,其经、纬组织点一般采用底片法配置。
(2) 为使条纹界线清晰,每个纵条纹的经纱数应为每筘齿穿入数的倍数。
(3) 在一个组织循环内,各条的经纱交织数不能相差太大,否则会造成上机织造困难。

2. 组织图绘制

(1) 确定基础组织的每条宽度、经密。

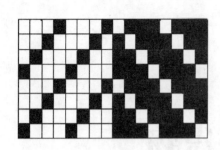

图 4-1　纵条纹组织图

（2）确定条纹组织的组织循环纱线数。

R_j＝各条纹组织的经纱数之和，其中每条的经纱根数＝条纹宽度×经密，R_w＝各基础组织的纬纱循环数的最小公倍数。

例如：绘制 $\dfrac{2}{2}$ 方平与 $\dfrac{2}{2}\nearrow$ 联合，每条宽 2 cm，P_j＝260 根/10 cm 的纵条格组织图。

组织图绘制步骤如下：

① 计算组织循环数。各条经纱数 R_j＝2×(260/10)＝52，R_w＝4。

② 绘制组织图。第 1～52 根经纱，按 $\dfrac{2}{2}$ 方平组织填绘左边纵条纹；从第 53 根经纱开始，按底片翻转法填绘右边纵条纹，直至画完组织为斜纹的条格经纱数，如图 4-2 所示。

图 4-2　组织图绘制

③ 考虑到界限分明，调整纱线数，如图 4-3 所示。方平组织用 4×13＝52 根，斜纹组织用 4×12＋3＝51 根。

图 4-3　经纱数调整

3. 应用

纵条纹组织在棉、毛、麻、丝织物中均有广泛应用。棉织物有缎条府绸（$\dfrac{5}{2}$ 经面缎纹＋ $\dfrac{1}{1}$ 平纹）、各类变化麻纱，毛织物有各种花呢、女式呢，丝织物有缎条青年纺（$\dfrac{5}{3}$ 纬面缎纹＋

$\frac{1}{1}$平纹$)$、涤爽绸、四维呢$\left(\frac{1}{1}平纹+\frac{1}{3}破斜纹\right)$等。

（二）横条纹组织

在织物表面沿纵向排列两种或两种以上不同组织形成横向条纹的组织,称为横条纹组织。横条纹组织较少单独应用,其组织图构作原则及方法与纵条纹组织相似,区别是将不同的组织上下配置。

横条纹组织的经纱循环数为各基础组织的经纱循环数的最小公倍数;纬纱循环数为各条纹宽度与纬密乘积之和,再按基础组织的纬纱循环数的倍数加以修正。图4-4所示为四维呢组织图。

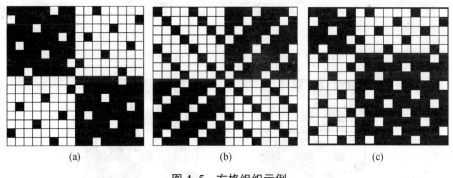

图4-4　四维呢组织图

（三）方格组织

由两种组织(经面组织和纬面组织)沿经纬向呈格型间跳配置,在织物表面呈现方格效应的组织,称为方格组织。基本的方格组织呈正方形,并可将一个完整组织划分成田字形的四等分,如图4-5(a)、(b)所示。也有些方格组织不呈正方形,划分的四个部分可以不相等,如图4-5(c)所示。

图4-5　方格组织示例

1. **构作原则**

(1) 对角配置:处于对角位置的两个部分,配置相同的组织,如图4-6所示。

(2) 界限分明:分界处的组织点呈底片翻转关系(上下、左右)。

(3) 连续整齐:位于对角位置的相同组织,要保证其起始点一致,使组织点连续,织物外观整齐美观。图4-7中,(a)为正确组织图,(b)为错误组织图。

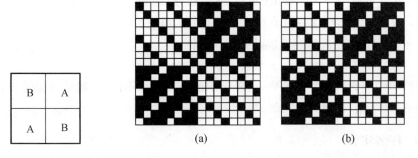

（a）　　　　　　　　（b）

B	A
A	B

图4-6　方格组织配置示意　　图4-7　方格组织对角位置要求

要使对角位置的相同组织的起始点相同,应使基础组织的第一根经(纬)纱和最后一根经

(纬)纱上的两个单独组织点距离上、下边缘相等。

起始点调整如图 4-8 所示。先以任意起始点作 $\frac{5}{2}$ 纬面缎纹组织图，见(a)，然后观察其纬纱，可发现第 4 和第 5 根纬纱上的经组织点距离左、右两边缘相等，则这两根纬纱可用作组织循环中最上边及最下边的两根纬纱，即由(a)画成(b)。同理，亦可从观察经纱着手，如(c)观察其经纱，可发现第 2 和第 3 根经纱上的经组织点距离上、下两边缘相等，这两根经纱可作为组织循环中最右边及最左边的两根经纱，即由(c)画成(d)。(b)、(d)均为组织点配置正确的组织图，用来作为对角排列方格组织时，可得到相同的起始点。图 4-8 中，(e)是以相同起始点的基础组织排列而构成的方格组织，(f)则是基础组织的起始点未经选择排列而构成的方格组织，其外观效应不如前者。

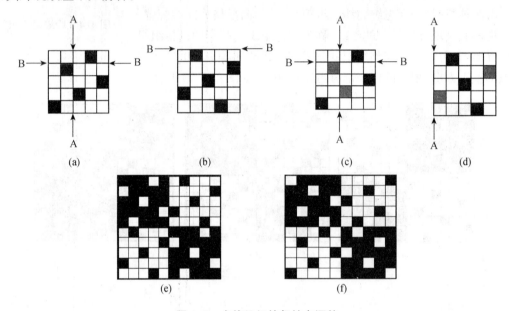

图 4-8　方格组织的起始点调整

2. 组织图绘制

(1) 确定基础组织，调整起始点。

(2) 确定组织循环纱线数，把 R_j、R_w 分成四个部分，根据设计要求可以等分，也可以不等分。

(3) 将基础组织填入完整组织的左下角部分。

(4) 按底片翻转法逐一填绘其他三个部分的组织。

图 4-5 即为按此法绘制而成的方格组织图。

3. 应用

方格组织表面呈现方格效应，由于组织的交织规律不同，织物外观也各异。方格组织广泛应用于头巾、手帕、被单和桌布等。

四、任务实施

（一）工具和材料

(1) 工具：照布镜、分析针、意匠纸、直尺、铅笔、橡皮、剪刀、彩纸、不干胶。

（2）材料：条纹织物样品若干。

（二）工作任务

（1）学会调整纬面缎纹起始点，使其能构成方平组织。

（2）设计一个纵条纹组织，画出组织图（2至3个循环）。

（3）设计一个以缎纹组织为基础组织的方格组织，画出组织图，并用彩纸模拟。

（4）分析条纹织物样品的组织图。

五、任务记录

（1）调整 $\frac{5}{3}$、$\frac{8}{3}$ 纬面缎纹的起始点，完成下列表格的填写：

调整之前的组织图	调整之后的组织图

（2）在意匠纸上绘制设计的纵条纹组织、方格组织图。

（3）用彩纸模拟方格织物组织图。

（4）完成织物样品分析并填入下表：

样品组织图	样品密度（根/10 cm）		各条经纱数（R_j）
	经密（P_j）	纬密（P_w）	R_j＝各条宽度×P_j

六、思考与练习

（1）条格组织中如何配置组织才能使条格效应清晰？

（2）构作清晰的方格组织图，应如何选择基础组织的起始点？

任务二　绉组织及织物

一、任务目标

(1) 学会构作绉组织的常用方法。

(2) 掌握绉组织特点。

二、任务描述

绘制常见绉组织图。

三、相关知识

织物组织中不同长度的经纬浮点,在纵、横方向错综排列,使织物表面具有分散的、规律不明显的、微微凹凸的细小颗粒,呈现绉效应,这类组织称为绉组织,或称为呢地组织。绉组织产生绉效应的形成原理是:在一个组织循环内,经、纬纱的浮长长短不一,沿不同方向交错配置。浮线较长的组织点,经、纬纱之间结构较松;而浮线较短的组织点,经、纬纱之间结构较紧。结构较松的长浮线分布在结构较紧的短浮线之间,较松的组织点就在较紧的组织点间微微凸起,形成细小的颗粒状,细小的颗粒均匀分布在织物表面,形成绉效应。

绉组织表面由于均匀分布了细小的颗粒状组织点,对光线形成漫反射,所以光泽较柔和。绉组织的组织点间有较松的长浮线,所以其织物手感松软、厚实、有弹性。

1. 构作原则

(1) 经、纬浮线不能过长,连续浮长线不超过3个组织点,否则会破坏细小颗粒状外观。

(2) 不同浮长的组织点沿各个方向均匀分布,切忌出现纵、横、斜向的纹路。

(3) 组织循环纱线数越大,形成纹路的可能性越小,但过多会造成上机困难。

(4) 不能出现一大群相同的经(纬)组织点聚集在一起,否则会使织物表面形成光亮和暗淡区域。

(5) 一个组织循环内各根经纱的交织次数不宜相差太大,否则会影响开口清晰度,造成织造困难,布面不平整。

2. 组织图绘制

绉组织的绘制方法很多,常见的方法如下:

(1) 增点法。以原组织或变化组织为基础,然后按另一种组织的规律增加组织点而构成绉组织。也就是利用两种或两种以上的组织叠加而构成绉组织,其中 R_j、R_w 是两种组织的循环纱线数的最小公倍数。

图4-9所示是在平纹组织的基础上,按 $\frac{1}{3}$ 破斜纹的规律增加经组织点而构成的绉组织。

作图方法:先在 8×8 的范围内画平纹组织,然后在奇数经纱和偶数纬纱相交处,按 $\frac{1}{3}$ 破斜纹填绘经组

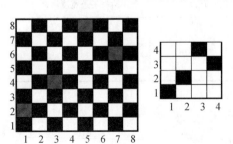

图4-9　增点法构成的绉组织

织点而成。

图 4-10 所示的绉组织是在 $\frac{8}{3}$ 纬面加强缎纹的基础上,按 $\frac{1}{3}$ 破斜纹的规律增加经组织点而构成。

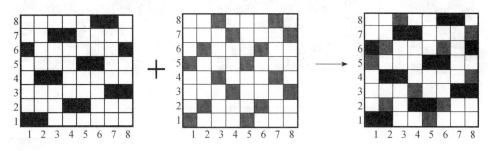

图 4-10 两种组织叠加构成绉组织

(2) 移入法。将一种组织的经(纬)纱按一定比例间隔移绘到另一种组织的经(纬)纱之间。移绘时,两种组织的经纱可采用 1:1 的排列比,亦可采用其他排列比。图 4-11 所示是由甲、乙两种组织的经纱按 1:1 排列而构成的绉组织。采用此法时,当经纱排列比为 1:1 时,其组织循环经纱数为两种基础组织的循环经纱数的最小公倍数乘 2,组织循环纬纱数等于两种基础组织的循环纬纱数的最小公倍数。图 4-11 中,$R_j=2$ 与 3 的最小公倍数×2=6×2=12,$R_w=2\times3=6$。

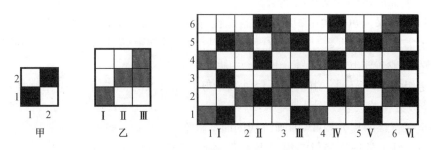

图 4-11 移入法构成绉组织

(3) 调序法。调整同一种组织的纱线次序而构成绉组织。一般以变化组织为基础组织,然后变更基础组织的经(纬)纱排列次序。

图 4-12 所示是以 $\frac{2\quad1}{1\quad2}$ 右斜纹为基础组织,分别采用 1、3、6、2、5、1、4、6、3、5、2、4 的经纱排列顺序及 6、2、1、5、4、3、1、6、5、3、2、4 的纬纱排列顺序而构成的绉组织。

(4) 旋转法。以一种组织为基础,经旋转合并而构成绉组织。如图 4-13 所示,以甲为基础组织,将其逆时针旋转 90°得到乙,再将乙逆时针旋转 90°得到丙,再将丙逆时针旋转 90°得到丁,最后将甲、乙、丙、丁按一定的顺序排列而构成绉组织。

用旋转法构作绉组织时,所选用的基础组织的经、纬纱循环不宜太大,因为经过旋转合并后,经、纬纱循环将扩大 1 倍,所需综片数增多,易增加上机织造难度。一般选用的基础组织的组织循环纱线数 R 不大于 6。若用提花机织造,则不受此限制。

(5) 省综设计法。用上述几种方法构成绉组织,因受到综页数的限制,组织循环不可能太

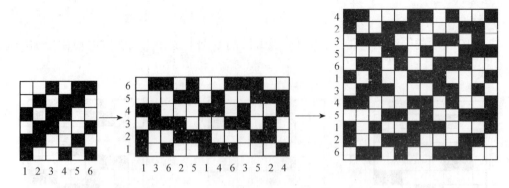

图 4-12 调序法构成绉组织(以斜纹为基础组织)

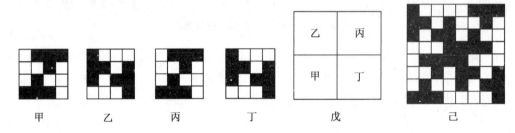

图 4-13 旋转法构作绉组织

大,因此织物表面的经纬纱交织必然会呈现一定的规律性,以致影响织物外观。为了获得起绉效应较好的织物,采用可扩大组织循环的省综设计方法,其作图原则及步骤如下:

① 确定需采用的综页数。综页数可根据实际生产情况确定。为了生产能顺利进行,综页数不宜太多,一般多用 6 或 8 页综。图 4-14 所示为 6 页。

② 确定组织循环范围。组织循环经纱数最好是综页数的整数倍,组织循环纬纱数不要与组织循环经纱数相差太多。图 4-14 中,$R_j = 6 \times 10 = 60$,$R_w = 40$。

③ 确定每页综的提升规律,即画纹板图时应注意:

a. 每根经纱上的连续经(纬)组织点不要太多,以不超过 2 个为佳。

b. 每根经纱的交织次数应尽量一致。

c. 每根经纱上的经组织点数与纬组织点数尽量相等。

④ 画穿综图。首先把组织循环经纱数分成若干组,每一组的经纱数等于综页数。图 4-14 中,组织循环经纱为 60,综页数为 6,所以可分成 10 组,每组 6 根经纱。第一组按六页综顺穿法穿综,其他九组按六页综的不同排列顺序穿综。如第二组的穿综顺序为 3、1、5、2、6、4,第三组为 3、5、2、6、1、4,……,直至穿完。在确定穿综顺序时,应注意每根纬纱上连续的纬(经)组织点数不要过多,以不超过 3 个为好,同一页综必须最少间隔 3 根经纱。绘作穿综图时,有些绉组织不一定完全按照上述方法,但必须注意,一个穿综循环中,每页综穿入的经纱应尽量分散,避免经、纬组织点过于集中。

由上述可知,构成绉组织的方法多种多样。但无论采用哪一种方法,都必须注意所形成的绉组织织物表面的起绉效果。如效果不良,可通过改变基础组织或作图方法等加以改进。

需说明的是,除了上述方法,使织物起绉的途径还有采用化学方法对织物进行后处理、织造时采用不同的经纱张力、采用不同收缩性能的经纬纱或不同捻向的强捻纱进行间隔排列等。

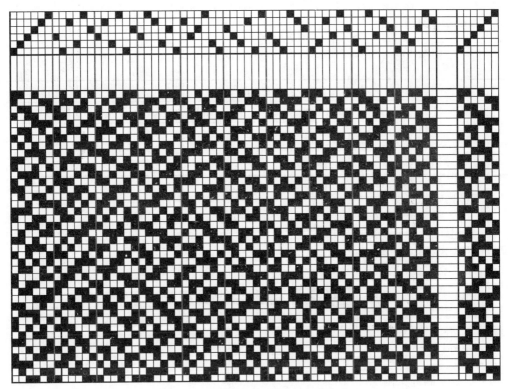

图 4-14　省综法构作的绉组织上机图

3. 应用

绉组织和加捻线配合形成织物，品质柔软而富有弹性，在各类织物中都有应用，如棉织物中的核桃呢、毛织物中的苔茸绉、丝织物中的东方绉等。

四、任务实施

（一）工具和材料

意匠纸、直尺、铅笔、橡皮、剪刀。

（二）工作任务

（1）以图 A 中的两个组织为基础，采用重叠法构作绉组织图。

（2）以图 B 中的平纹和 $\frac{1}{2}$ 变化斜纹为基础组织，经纱排列比为 1：1，采用移入法构作绉组织。

（3）以 $\frac{2\quad 2}{1\quad 2}\nearrow$ 为基础组织，采用调序法构作绉组织图。

（4）以图 C 所示组织为基础组织，采用旋转法构作绉组织图。

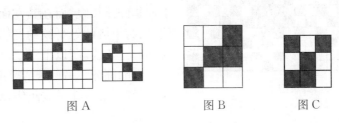

图 A　　　　　　图 B　　　　图 C

五、任务记录

将上述任务结果填入下表：

组织图			
工作任务（1）	工作任务（2）	工作任务（3）	工作任务（4）

六、思考与练习

（1）绉组织是怎样形成的？有何特点？

（2）构作绉组织应注意哪些问题？

任务三 蜂巢组织及织物

一、任务目标

（1）学会绘制蜂巢组织图。

（2）掌握蜂巢组织特点。

二、任务描述

绘制蜂巢组织图。

三、相关知识

织物表面呈现四周高、中间低的凹凸四方形、菱形或其他几何形状且如同蜂巢状外观的组织，称为蜂巢组织。

（一）形成原理

此类组织的织物能形成边部高、中间洼的蜂巢形外观，其原因是一个组织循环内有紧组织（交织点多）和松组织（交织点少），两者逐渐过渡、相间配置。在平纹组织处，交织点最多，织物较薄；在经纬浮长线处，无交织点，织物较厚。在平纹组织处，织物呈凸起或凹下，可分两种情况。在组织图上，一种是如图4-15所示的甲部分，在平纹组织以甲为中心的上面和下面是经浮长线，而在其左面和右面是纬浮长线，因为组成此处平纹的经纬纱均是浮在织物表面的浮长线，所以把平纹带起而形成织物表面凸起的部分。另一种情况正相反，如图4-15所示的乙部分，在平纹组织以乙为中心的上面

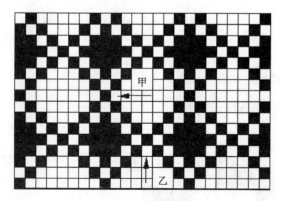

图4-15 蜂巢组织

和下面是纬浮长线(即在织物背面是经浮长线),在其左面和右面是经浮长线(即在织物背面是纬度浮长线),因此把平纹在织物反面带起,而在织物表面凹凸和谐亦是逐渐过渡的,由此形成蜂巢形外观。

(二) 组织图绘制

1. 简单蜂巢组织的组织图绘制

(1) 选定基础组织。常用 $\frac{1}{4}$、$\frac{1}{5}$ 和 $\frac{1}{6}$ 纬面斜纹作为基础组织。图 4-16(b)所示是以 $\frac{1}{4}$ 纬面斜纹为基础组织构成的简单蜂巢组织。

(2) 确定组织循环纱线数。计算方法与菱形斜纹相同,$R_j = 2K_j - 2$,$R_w = 2K_w - 2$。若选取 $K_j = K_w = 5$,则 $R_j = 2K_j - 2 = 2 \times 5 - 2 = 8$,$R_w = 2K_w - 2 = 2 \times 5 - 2 = 8$。

(3) 在意匠纸上按组织循环经、纬纱数画出一个组织循环范围,然后在这个范围内填绘基础菱形斜纹,即在循环面积内贯穿两条斜向对角线。

(4) 两条斜向对角线把整个组织循环分成四个部分,如图 4-16(a)所示,然后在相对的两个三角形内(上和下或左和右两个部分)填绘经组织点。填绘时,与原来的菱形斜纹之间隔 1 个纬组织点,如图 4-16(b)所示。

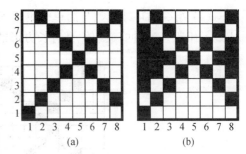

图 4-16　简单蜂巢组织

2. 几种变化蜂巢组织的绘制方法

(1) 在单个组织点菱形斜纹的左斜纹线下方,隔 1 个纬组织点,作一条平行的左斜纹线,如图 4-17(a)所示。然后在左、右两侧对角区域内填绘经组织点,各形成一个菱形区域,其经、纬纱最长的浮长线等于 $\left(\frac{R}{2} - 1\right)$。填绘时,经组织点与双条斜纹线相连,与单条斜纹线隔 1 个纬组织点。再在上、下对角区域内绘两个经组织点菱形。每个菱形上下各一半,分别与双条斜纹线相连,与单条斜纹线隔 1 个纬组织点,如图 4-17(b)所示。这种组织称为勃拉东蜂巢组织。

(2) 将单个组织点菱形斜纹变成顶点相对且隔一纬的上、下两个山形斜纹,如图 4-18(a)所示。然后在左、右两侧对角区域内填绘经组织点,如图 4-18(b)所示。这种组织具有正方形外观,$R_j = 2K_j - 2$,$R_w = 2K_w$。

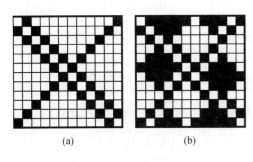

图 4-17　变化蜂巢组织一

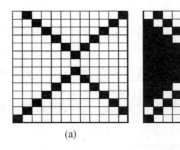

图 4-18　变化蜂巢组织二

（3）组织循环纱线数与简单蜂巢组织相同,在单个组织点菱形斜纹线的下方,隔1个纬组织点,作一条平行的斜纹线,然后在左、右两侧对角区域内填绘组织点。填绘时,与双条斜纹线中的一条相连,而与单条斜纹线仍隔1个纬组织点,如图4-19所示。这种组织具有长方形的蜂巢外观。

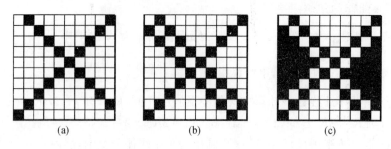

图4-19　变化蜂巢组织三

（4）组织循环纱线数与简单蜂巢组织相同,把对角斜纹线错开1格,再填绘经组织点而形成蜂巢组织。这种蜂巢组织具有长方形的蜂巢外观,如图4-20所示。

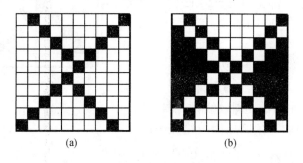

图4-20　变化蜂巢组织四

3. 应用

蜂巢组织织物外表美观,立体感强,比较松软,富有较强的吸水性。因此,在制作服装或装饰织物时,常采用各种变化蜂巢组织。蜂巢组织在各类织物中均有应用,如棉织物中常用于制织餐巾、围巾、床毯等。

四、任务实施

（1）以$\frac{1}{5}$斜纹为基础组织,构作简单蜂巢组织图。

（2）以$\frac{1}{6}$菱形斜纹为基础组织,把右下方的折线向下拉1格,构作蜂巢组织图。

（3）以$\frac{1}{5}$菱形斜纹为基础组织,把对角线顶点左右错开1格,构作蜂巢组织图。

五、任务记录

完成上述工作任务并填入下表:

组织图		
工作任务(1)	任务工作(2)	工作任务(3)

六、思考与练习

(1) 试述蜂巢组织形成蜂巢外观的原理。
(2) 如何运用各种构作方法形成具有不同外观的蜂巢组织？

任务四　透孔组织及织物

一、任务目标

(1) 学会绘制透孔组织图。
(2) 掌握透孔组织的特点。

二、任务描述

绘制透孔组织图。

三、相关知识

使织物表面具有均匀分布的细小孔眼外观的组织，称为透孔组织。由于这类织物的外观与复杂组织中由经纱相互扭绞而形成孔隙的纱罗织物类似，因此又称为假纱组织或模纱组织。

(一) 形成原理

形成透孔组织的基本原理，如图4-21所示。由于并列的纱线中，联合采取了平纹组织和有浮长的重平组织，在并排相邻的两根平纹组织的丝线间，由于平纹交织点多，丝线在相互间的张力作用下彼此分开，而夹在平纹组织间的重平组织的丝线，则因交织点较少，张力小，被两边的平纹线挤起，使丝线聚集成束而形成小孔。

由图4-21可看出第3和第4根经纱及第6和第1根经纱都是平纹组织，夹在中间的第2和第5根经纱均是浮长较长的$\frac{3}{3}$重平组织。这样的配置，使得平纹交织的纱线，因为其经纬组织点相反，使得纱线不易互相靠拢。如图中第3与第4根经纱及第6与第1根经纱就不易互相靠拢。另外在第二与第五根纬纱的浮长线的作用下，使第1、2、3根经纱向一起靠拢，第4、5、6根经纱也向一起靠拢，因此在第3与第4根经纱之间及第6与第1根经纱之间形成纵向的缝隙。同理，在第三与第四根纬纱之间及第六与第一根纬纱之间形成横向缝隙。这样就使织物表面出现了孔眼，如图4-21(b)所示，"○"处为孔眼位置。

51

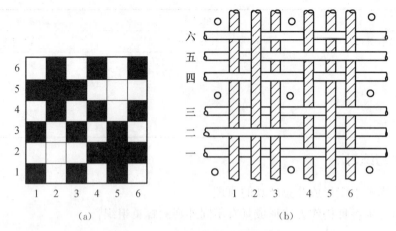

(a)　　　　　　　　　　　(b)

图 4-21　透孔组织的孔隙的形成

（二）　构作原则

（1）透孔织物的密度不宜过大，否则透孔效应不明显，失去假纱罗的薄、轻、松、爽等特性。

（2）浮长越长，孔眼越大，但一般浮长线不超过 5 根，否则织物过于松软，也会影响透孔效应，故一般衣着织物常用的透孔组织，其浮长很少采用大于 5 个组织点的。

（3）穿综时采用照图穿法，一般采用 4 片综即可织造。

（4）穿筘时将成束的经纱穿入同一个筘齿内，或每组经纱之间空一筘；纬纱可采用间歇卷取。

（三）　组织绘制

下面以绘制完全纱线数为 6 的透孔组织为例，说明其组织图绘制步骤：

（1）确定组织循环纱线数，通常取 6、8、10 和 14。图 4-22 中，$R_j=R_w=6$。

（2）将组织循环划分成田字形的四等份，各等份的经、纬纱数通常为奇数，如图 4-22(a) 所示。

（3）在左下角的区域内绘制平纹组织，然后将此区域中的第 2 根经纱与第 2 根纬纱全部填为纬组织点，如图 4-22(b) 所示。

（4）按底片翻转法填绘其他三个部分，如图 4-22(c) 所示。

同理，可以绘制组织循环经纬纱数 $R_j=R_w=14$ 的透孔组织，如图 4-22(d) 所示。

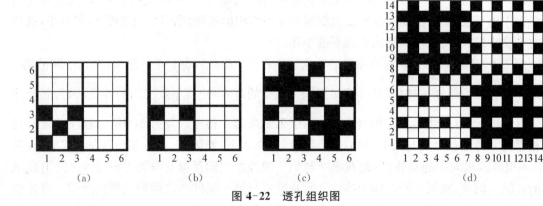

(a)　　　　　　　　(b)　　　　　　　　(c)　　　　　　　　　(d)

图 4-22　透孔组织图

（四）　透孔组织应用

在实际生产中,透孔组织常采用与其他组织联合而制成优美的花式透孔织物,如图 4-23 所示即是与平纹组织联合构成的花式透孔组织。

透孔组织在棉、麻、丝等轻薄织物中应用较多,一般可作稀薄的夏季服装用织物,主要取其多孔、轻薄、凉爽、易于散热透气等特点,如各种网眼布和花式透孔织物等。此外还用于化纤等织物,比如在涤纶等合成纤维织物中采用透孔组织,既丰富了花纹效应,又改善了合成纤维透气性差的缺点。

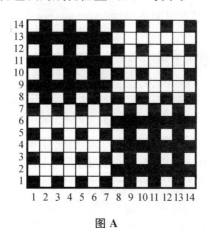

图 4-23　花式透孔组织

四、任务实施

（1）指出图 A 所示的透孔组织的成孔位置,以"○"表示。

图 A

（2）分别绘制 $\dfrac{3}{3}$、$\dfrac{5}{5}$ 透孔组织图,并以"○"标出孔眼位置。

五、任务记录

完成工作任务（2）并填入下表:

组织图	
$\dfrac{3}{3}$透孔组织	$\dfrac{5}{5}$透孔组织

任务五 其他联合组织及织物

一、任务目标

（1）学会绘作凸条、网目和小提花组织图。
（2）掌握凸条、网目组织的形成原理。

二、任务描述

绘作凸条、网目和小提花组织图。

三、相关知识

（一）凸条组织

在织物正面产生纵向、横向或斜向的凸条纹，反面有浮长线的组织，称为凸条组织。

1. 形成原理

凸条组织系由浮线较长的重平组织和另一种简单组织（平纹或浮线较短的斜纹）联合而成。其中简单组织起固结浮长线的作用，并形成织物的正面，故称为固结组织。如固结纬重平的纬浮长线，则得到纵凸条纹，固结经重平的经浮长线，则得到横凸条组织。浮长线的长度决定着凸条的宽度。

如图4-24所示。第一、三根纬纱在第1～6根经纱之间为连续的经组织点，即在织物反面为纬长线，有拉拢力，使经纱向一起靠拢；第二、四根纬纱在第1～6根经纱之间为平纹交织，因交织点多，纬纱有较大收缩，此部分隆起成凸条。同理，第二、四根纬纱在第7～12根经纱之间为连续的经组织点，织物反面为纬长线，有拉拢力，使经纱向一起靠拢；第一、三根纬纱在第7～12根经纱之间为平纹交织，易收缩，此部分隆起成另一条凸条。再者，平纹与浮长线的交换部分即第6、7根经纱及第1、12根经纱的组织点交错，纱线不易向一起靠拢，此处显薄凹下，形成两凸条之间的界限。

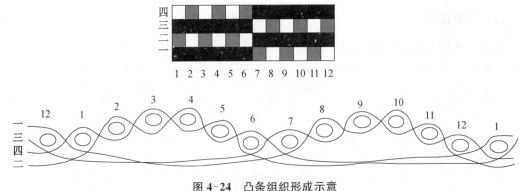

图4-24 凸条组织形成示意

2. 组织绘制

以重平组织为基础，重平线的一半以简单组织交织成凸条的表面，重平线的另一半以浮长线的形态沉伏在织物反面起收缩作用，构成凸条组织。这种凸条组织的绘制方法如下：

（1）选定基础组织和固结组织。基础组织一般选用$\frac{4}{4}$重平、$\frac{6}{6}$重平，其经纬纱浮长应是固结组织循环纱线数的整数倍并大于 4。固结组织应根据织物外观选择，常采用平纹及$\frac{2}{1}$、$\frac{1}{2}$和$\frac{2}{2}$斜纹等。

（2）确定基础组织与固结组织的排列比，一般采用 1∶1 或 2∶2，排列比太大容易在织物正面暴露浮长线。

（3）确定组织循环纱线数。

① 纵条纹组织。R_j＝基础组织的循环经纱数，R_w＝基础组织的循环纬纱数×固结组织循环纬纱数与排列比的最小公倍数。

② 横条纹组织。R_j＝基础组织的循环经纱数×固结组织循环经纱数与排列比的最小公倍数，R_w＝基础组织的循环纬纱数。

（4）填绘组织图。

① 在组织循环范围内，绘制基础组织。

② 在重平组织的浮长线上，填绘固结组织。

例如，绘制以$\frac{6}{6}$纬重平为基础组织，平纹为固结组织的经向凸条组织，步骤如下：

① 计算组织循环经纬纱数。R_j＝基础组织的循环经纱数＝6＋6＝12，R_w＝基础组织的循环纬纱数×固结组织的循环纬纱数与排列比的最小公倍数＝2×2＝4。

② 在组织循环范围内，填绘$\frac{6}{6}$纬重平，如图 4-25（a）所示。

③ 在重平组织的浮长线上填绘平纹组织，如图 4-25（b）所示。

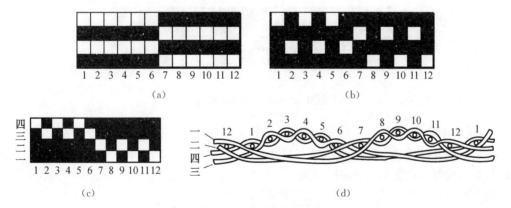

图 4-25 凸条组织绘制

在生产实际中，通常把两条同样长度的纬浮长线靠拢，再在纬浮长线上填绘固结组织，如图 4-25（c）所示。由图 4-25（d）的横切面可看出，此类组织之所以能形成凸条的织物外观，主要在于第 6、7 根纱线及第 1、12 根经纱处的组织点有交错，织物在该处显薄而凹下；其他部分在织物背面有纬浮长线，促使经纱相互靠拢并重叠，因此固结组织在此处松厚隆起而形成凸条。

3. 影响凸条隆起的因素

凸条隆起程度与下列因素有关：

（1）组织反面的浮长线越长，条纹凸起程度越显著。

（2）浮长线的收缩力越大，条纹凸起程度越大。纱线有一定的捻度，可增加收缩力，有利于增加条纹的隆起程度。

（3）加大织物的密度，凸条更清晰。

（4）各凸条间加入平纹组织，凸条外观更显著（图4-26）。

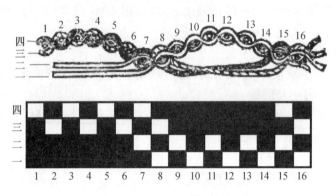

图4-26　加平纹的凸条组织

（5）在凸条中间加入几根较粗的纱线作为芯线，可增加凸条的隆起程度（图4-27）。

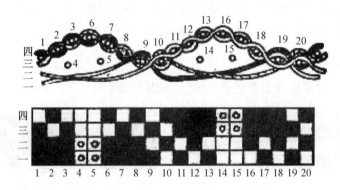

图4-27　加芯线的凸条组织

4. 凸条组织的应用

凸条组织立体感强、质地松厚、富有弹性、花样变化多、装饰性强，在各类织物中均有应用。棉织物有女线呢、灯芯条；毛织物有花呢、女衣呢；丝织物中的闪织绸是横凸条组织，在丝织提花织物中既可作为地组织，也可作为花组织或点缀组织。

（二）　网目组织

以平纹或简单斜纹作地组织，在地组织上间隔分布着曲折的长浮线形成网络状的组织，称为网目组织，网目组织又称蛛网组织。

网目组织根据形成弯曲的纱线可分为经网目组织和纬网目组织。经网目组织是以纬浮线起收缩作用，把浮于织物表面的成束经浮长线拉成折线而形成网状形的组织，如图4-28（a）所示；纬网目组织是以经浮线起收缩作用，把浮于织物表面的成束纬浮长线拉成折线而形成网状形的组织，如图4-28（b）所示。

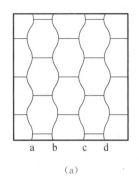

(a)

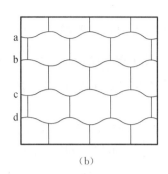

(b)

图 4-28 网目组织外观示意

1. 形成原理

下面以经网目组织为例,说明网目组织形成的原因。如图 4-29(a)所示,经网目组织的网络状曲折长浮线是由经纱形成的。经网目组织形成的原因在于:

网目经浮长线的两侧为沉浮规律相同的平纹组织经纱,把网目经浮长线挤出从而浮于织物表面。本图中平纹组织及曲折的第 4 和第 10 根经纱构成织物的表面。其织物外观的形成主要是由于第 4 根及第 10 根经纱,浮在构成平纹组织的第二至第六根纬度纱上面。在第一根纬纱处将第 4 根经纱与第 10 根经纱拉向一起并靠拢;同样,第七根纬纱在第 10 至下一个组织循环的第 4 根经纱处也是呈纬浮长线,同样将第 10 根经纱与下一个组织循环的第 4 根经纱拉向一起并靠拢,由此促使第 4 根和第 10 根经纱曲折,其外形如图 4-29(a)中右半部的粗黑线所示。

纬浮长线起收缩作用,把凸于织物表面的相邻两条网目经向一起拉拢。由于相邻两条纬浮长线是交叉配置的,因此,网目经就呈曲折形,并与纬浮长线一起形成网络状。

纬网目组织其外观效应的形成原理与经网目组织相似。纬网目组织如图 4-29(b)所示。

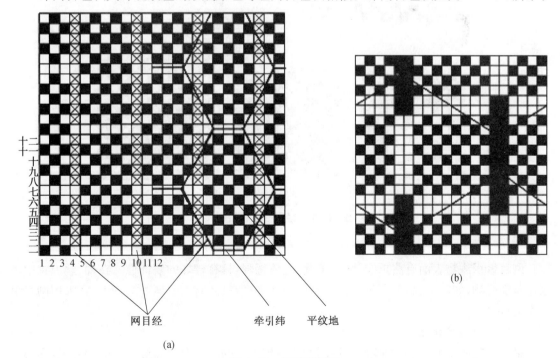

网目经　　　牵引纬　平纹地

(a)

(b)

图 4-29 网目组织图

2. 组织绘制

下面以经网目组织为例,说明网目组织的绘制方法。

例如:以平纹为地组织绘制经网目组织。网目经的组织规律为$\frac{5}{1}$,2 根网目经之间相隔的地经根数为 5,每隔 5 根地纬安排一根纬浮长线。每条网目经与地纬浮长线均为单根。

绘制步骤:

(1) 确定组织循环纱线数。R_j=(两条网目经之间的地经根数+每条网目经的根数)×2,R_w=(两条纬浮长线之间的纬纱根数+每条纬浮长线的根数)×2。

本例中,$R_j = R_w (5+1) \times 2 = 12$。

(2) 在组织循环内先作地组织,如图 4-30(a)所示。

(3) 确定网目经与牵引纬的位置。2 根网目经和 2 根牵引纬之间应分别隔开 5 根以上的奇数纱线。若选偶数经为网目经,则应选奇数纬为牵引纬,有利于网目效果明显,如图 4-30(b)所示。

(4) 在网目经上增加经组织点(除牵引纬处),形成网目经上的经浮长线,如图 4-30(c)所示;同时,在牵引纬上去掉 2 根网目经之间的经组织点,形成纬浮长线,如图 4-30(d)所示。图 4-30(e)为网目组织效果图。

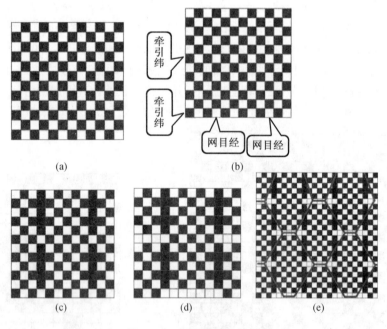

图 4-30 经网目组织绘制

3. 网目组织的应用

网目组织织物表面有曲折线,图案美观,立体感强,具有较好的装饰性。在棉、丝织物中多用作装饰织物,如窗帘、高档音响设备的装饰用绸等。在棉细纺、府绸等织物上,常采用网目组织作为点缀。

(三) 小提花组织

采用多臂机织造,在织物表面运用两种或两种以上的组织变化而形成花纹的组织,称为小提花组织。

　　小提花织物因其表面呈现较为明显的花纹,因而它与大提花织物相比,除了工艺、设备条件以及花纹变化自由程度的差异外,几乎没有本质的区别。

　　小提花织物外观要求紧密、细洁,不能粗糙,花纹不要太突出。从织物整体看,织物地组织可以选平纹、斜纹和缎纹等原组织,适当加些小提花。即一种组织点相对集中或由经纬浮线组成的小花纹,可以由经组织点、纬组织点,也可以由经纬组织点联合浮线组成。在实际生产中,此类织物多数是色织物,亦即经纬纱全部或部分采用异色纱,亦可适当配一些花式线。平纹地小提花织物是薄织物中主要类型之一,应用日趋广泛。

　　1. 组织设计与构作

　　(1) 构思设计具有一定外观效应的花纹。

　　(2) 按品种的经纬密度,选择相应的意匠纸,这样绘制的花纹才能造型正确。

　　(3) 起花部分的浮线不宜过长,棉、毛织物不超过 3~5 个组织点,丝织物不超过 7~9 个组织点。在花、地交界处要使花纹轮廓清晰,形状准确。

　　(4) 各根经纱的交织次数不宜相差太大。

　　(5) 综片数不宜太多,一般不超过 16 片。每片综的穿经根数应尽量均衡,每次开口的提综数也应尽量均衡。

　　(6) 织物密度一般与平纹织物相同。

　　以平纹地小提花为例,先画出花样轮廓,如图 4-31(a)所示;再画出组织图,如图 4-31(b)所示。

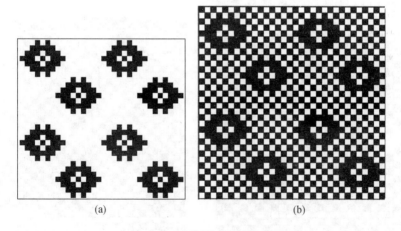

(a)　　　　　　　　　　　　　　　(b)

图 4-31　经浮长小提花组织

　　2. 组织举例

　　图 4-31 所示为经浮长小提花组织,$R_j=16$,$R_w=16$。花纹呈菱形排列均匀分布在布面,地暗花明,简洁大方。

　　图 4-32 所示为纬浮长小提花组织,$R_j=32$,$R_w=34$。花纹以两个散点排列,形成暗地起光亮纬浮花的效果,纬浮花纹比较丰满,且织物表面有微微凸起的立体效应。

　　图 4-33 所示为菱形小提花组织,$R_j=28$,$R_w=30$。由于该组织具有经、纬效应,若经、纬纱配以不同色彩,织物将呈现不同色彩的花纹,更为美观。

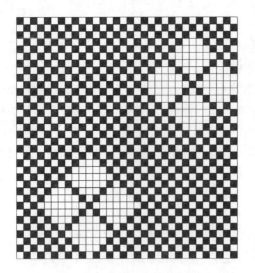

图 4-32　纬浮长小提花组织

图 4-33　菱形小提花组织

图 4-34～图 4-36 分别为直条排列、横条排列和散点排列的小提花组织。

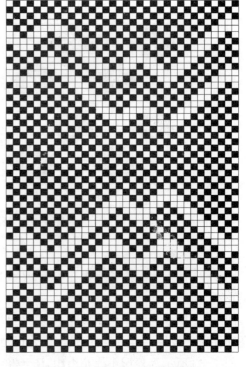

图 4-34　直条排列小提花组织

图 4-35　横条排列小提花组织

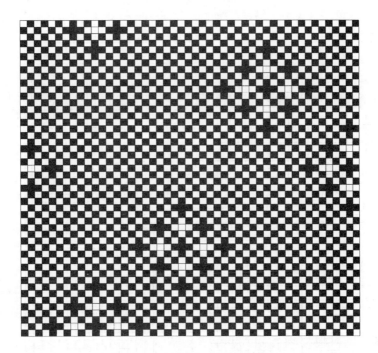

图 4-36　散点排列小提花组织

从上述组织示例中不难得出:平纹地小提花织物的花纹是多种多样的。有的由经(或纬)浮线形成花纹,这种花纹的形状有各种各样,有斜线、曲线、山形、菱形等,在布面上可以分散布置,也可以连续布置;有的是在平纹地上适当配一些其他组织的纵横条纹或小花点等;有的是在平纹地上分散布置一些由透孔组织形成的花型;也有的是用上述几种方式综合布置,再利用不同的色经、色纬或花式线,使构成的花型更加多样。总之平纹地小提花织物的花型是千变万化的。小提花织物在棉织和丝织中应用较广,广泛应用于装饰织物和服装面料中。

四、任务实施

(1) 以 $\frac{6}{6}$ 纬重平为基础,平纹为固结组织,丝线排列比 1:1,构作一凸条组织图。

(2) 以平纹组织为基础构作一网目组织,$R_j = 12$,$R_w = 16$,要求含有两根对称的网目经。

(3) 以 $\frac{5}{2}$ 纬面缎纹为纹样图,一小格代表 6 根经丝和 6 根纬丝,经浮点处配以透孔组织,纬浮点处配以平纹组织,绘制其上机图。

(4) 按 $R_j = R_w = 24$,以四枚纬面破斜纹为模纹,在经浮点处配以 $\frac{3}{3}$ 透孔组织,设计一个小提花组织。

五、任务记录

完成工作任务并填入下表:

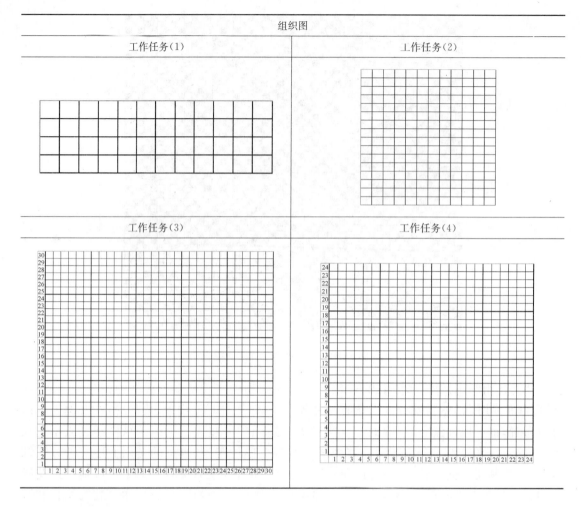

六、思考与练习

（1）凸条组织、网目组织的外观效应是如何形成的？

（2）使凸条组织织物的凸条效应明显的方法有哪些？

（3）平纹地小提花织物有什么特征？设计时应注意什么问题？

<h1>任务六　色纱与组织的配合</h1>

一、任务目标

（1）掌握配色模纹的四个区域布置，了解色纱排列、织物组织与织物外观三者之间的关系。

（2）根据织物组织和色纱排列，绘作配色花纹。

（3）根据配色花纹和色纱排列，绘作可能的组织图。

二、任务描述

（1）绘作配色模纹。

（2）分析织物样品，绘制样品组织图与配色模纹。

三、相关知识

织物的外观花纹，除了与组织有关外，还与选用的原料、纱线，尤其是纱线的颜色有密切的关系。利用不同颜色的纱线排列与组织配合，能使织物的外观显出各种不同风格与色彩的花纹。

色纱与组织配合时，所得织物的花型图案是多种多样的，而且具有较强的立体感，在棉、毛、丝、麻、化纤等各种织物中的应用均较广泛。如与其他工艺相结合，还可得到更为优美的花色品种。

把织物组织与色纱排列相配合在织物表面构成花纹，称为配色模纹。

配色模纹的外观随经、纬浮点和色纱的配置而变化。配色模纹循环由色纱循环与组织循环而定，即配色模纹循环等于其色纱循环与组织循环的最小公倍数。

色经循环：各种颜色经纱的排列顺序称为色经排列顺序，色经排列顺序重复一次所需的经纱数称为色经循环。

色纬循环：各种颜色纬纱的排列顺序称为色纬排列顺序，色纬排列顺序重复一次所需的纬纱数称为色纬循环。

（一）配色模纹的组成

一个完整的配色模纹由四个区域组成，Ⅰ区（组织图）、Ⅱ区（色经排列顺序）、Ⅲ区（色纬排列顺序）和Ⅳ区（配色模纹）。如图4-37（a）所示，在意匠纸上划分四个区，其中，在左上方的Ⅰ区绘制基础组织循环，在右上方的Ⅱ区绘制各色经纱的排列循环，在左下方的Ⅲ区绘制各色纬纱的排列循环，在右下方Ⅳ区绘制所形成的织物外观，即配色模纹，如图4-37（b）所示。

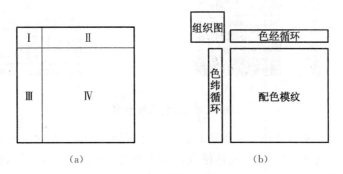

图 4-37　配色模纹示意

（二）配色模纹的绘制方法

1. 根据已知的组织图和色纱循环绘作配色花纹

（1）配色花纹的绘制方法与步骤。

① 首先确定所用的组织图、色经循环和色纬循环，计算配色模纹循环的纱线数。其中，配色模纹循环纱线数为色纱循环数与组织循环数的最小公倍数。如图4-38所示，采用$\frac{2}{2}$右斜纹组织，色经排列为1A3B，色纬排列为3A1B，色经循环数、色纬循环数都为4，则配色模纹循环的经纱数与纬纱数均等于4，绘作时至少绘出一个配色模纹循环。

② 在分区图的相应位置内绘作组织图，色经及色纬的排列顺序，并在配色花纹循环内填绘组织图，如图4-38（a）所示。为了便于看出色纱效应，图中共画出两个循环。

③ 根据色经的排列顺序,在相应色经"■"符号的纵行内的经组织点处,涂绘色经的颜色,如图4-38(b)所示。同样在相应色纬"■"符号横行的纬组织点处,涂绘色纬的颜色,如图4-38(b)所示。应该指出的是:配色花纹图上的满格色点,只表示某种颜色的经纬浮点或纬浮点所显示的效应,并非组织图中所表示的经纬纱交织情况。图4-38(d)为该配色模纹的效果图,由 A、B 两种颜色构成花纹图案。

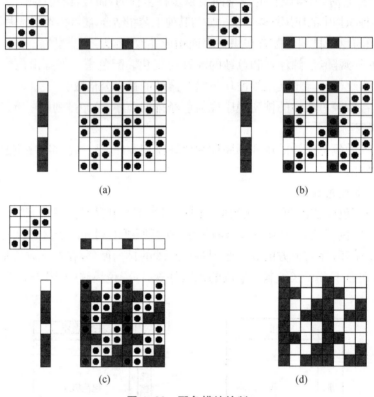

图 4-38　配色模纹绘制

在绘作配色模纹时,当织物组织及其起点和色经、色纬的排列顺序确定后,配色模纹的效果也确定了,若其中一项发生变化,配色模纹也发生改变。如图4-39所示,组织起点不同,配色模纹也不同。再如图4-40所示,色纱排列顺序变化,花纹效果同时改变。

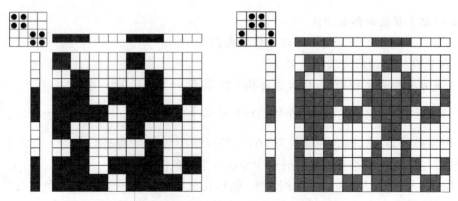

图 4-39　变化组织起点形成的不同配色模纹

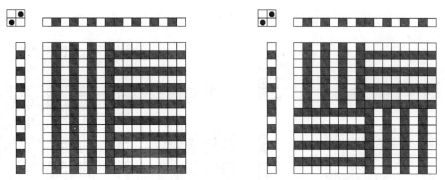

图 4-40　变化色纱排列顺序形成的不同配色模纹

（2）配色花纹的种类。

配色花纹的种类很多，常用的有以下几种：

① 条纹花纹：利用配色模纹在织物表面形成纵向或横向的条纹。图 4-41 中，（a）为纵向条纹，是由平纹组织、色经与色纬的排列顺序为 1A、1B 形成的；（b）是将（a）的色纬排列顺序改为 1B、1A 而形成的横向条纹；（c）为采用 $\frac{3}{1}$ 破斜纹组织，色经排列为 1A、1B，1A、1C，色纬排列为 1A、1B、1C、1A 所形成的三色纵条纹。

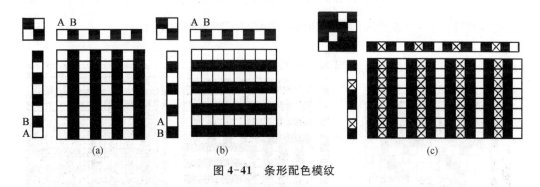

图 4-41　条形配色模纹

② 梯形花纹：由纵向条纹和横向条纹联合而成。如图 4-42 所示，（a）为采用 $\frac{2}{2}\nearrow$ 组织，色经及色纬排列均为 1A、1B 而形成的梯形花纹；（b）为采用 $\frac{2}{1}\nearrow$ 组织，其经纬纱排列顺序仍为 1A、1B 形成的梯形花纹。它们的经纬排列顺序相同，但组织图不同，因此，所形成的梯形花纹也不同。

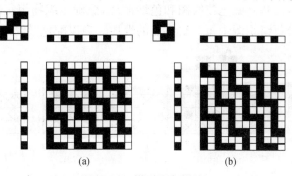

图 4-42　梯形配色模纹

③ 小花点花纹:在织物表面形成明显的带色小点花纹,如图 4-43 所示。

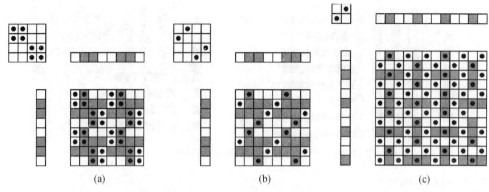

图 4-43   小花点花纹配色模纹

④ 犬牙花纹:在织物表面形成模纹的边缘不整齐,犹如犬牙状的花纹。如图 4-44 所示,它是由 $\frac{2}{2}\nearrow$ 组织,色经和色纬排列均为 2A、4B、2A 而形成的。

⑤ 格形花纹:多数由纵条纹和横条纹配合而成。图 4-45 中,(a)是由平纹组织所形成的格形花纹;(b)是由 $\frac{2}{2}\nearrow$ 所形成的格子花纹。格形模纹的种类很多,有的比较复杂,一般选用的组织比较简单,通过调整经纬纱的排列规律来获得图案不同的花纹。

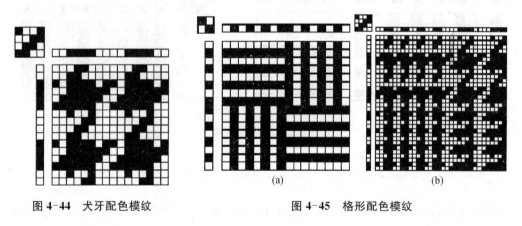

图 4-44   犬牙配色模纹   图 4-45   格形配色模纹

2. 已知色纱循环和配色花纹绘作组织图

当仿造一块织物,已知其配色花纹图和色纱循环,想确定织物组织时,则首先应根据配色花纹图和色纱循环,分析组织图中每个组织点的性质。现以配色模纹图 4-46 为例说明。

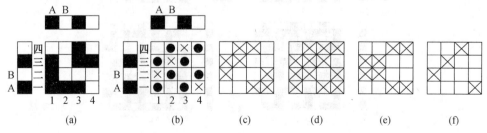

图 4-46   已知色纱循环和配色花纹绘作组织图

由图 4-46(a)中的一个花纹循环和色纱循环可知,第 1 根经纱与第一、第三根纬纱的相交处,无论是经组织点还是纬组织点,均显 A 色。也就是说,这两个组织点可以是经组织点,亦可以是纬组织点,对配色花纹较无影响,在图 4-46(b)中以符号 ◉ 表示。同样,第 3 根经纱与第一、第三根纬纱的相交处均显 A 色,第 2、第 4 根经纱与第二、第四根纬纱的相交处均显 B 色,因此也都以符号 ◉ 表示。根据图 4-46(a)中的配色花纹,可知第 1 根经纱与第二根纬纱的相交处应显 A 色,而已知第 1 根经纱为 A 色、第二根纬纱为 B 色,可以断定此处的组织点是经组织点,图 4-46(b)中以符号 ⊠ 表示。同样,第 2 根经纱与第三根纬纱,第 3 根经纱与第四根纬纱,第 4 根经纱与第一根纬纱的相交处,都必须是经组织点,图 4-46(b)中均以符号 ⊠ 表示,同理,第 1 根经纱与第四根纬纱,第 2 根经纱与第一根纬纱,第 3 根经纱与第二根纬纱,第 4 根经纱与第三根纬纱的相交处,都必定是纬组织点,图 4-46(b)中以符号 □ 表示。然后,根据图 4-46(b)可作出几个组织图,如图 4-46(c)~(f)所示。至于采用哪个组织图,可根据织物的具体要求及上机条件选择。图 4-43(a)和(b)的配色花纹相同,但构成花纹的基础组织不同。

四、任务实施

(一) 工具和材料

(1) 工具:照布镜、分析针、意匠纸、直尺、铅笔、橡皮、剪刀。

(2) 材料:织物样品若干。

(二) 工作任务

(1) 已知织物组织及经纬色纱排列循环(图 A~C),试求配色模纹图。

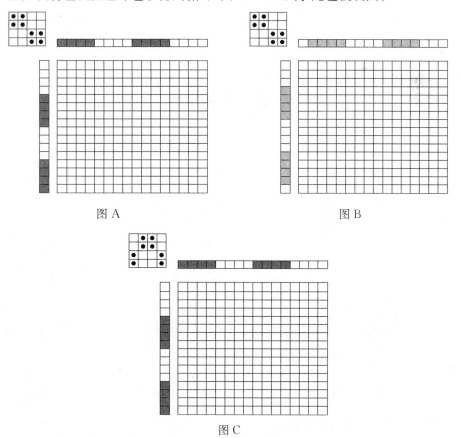

图 A   图 B

图 C

（2）已知配色模纹及色经色纬排列（图D），试绘出能制织该配色模纹的各种组织图。

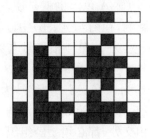

图 D

（3）分析下发的织物样品，绘制样品组织图与配色模纹。

五、任务记录

（1）根据要求，完成工作任务（1）和（2）。

（2）完成织物样品分析并填入下表：

样品组织图	样品配色模纹

六、思考与练习

（1）影响配色模纹效果的因素有哪些？

（2）已知配色模纹和经、纬色纱排列，其组织图有哪些绘制方法？

项目五

复杂组织及织物

织物经纬向至少有一个方向由两个或两个以上系统的纱线组成的组织,称为复杂组织。复杂组织或改善织物的透气性而使结构稳定,或提高织物的耐磨性而使质地柔软,或能得到一些简单组织无法实现的色彩丰富的花纹织物,等等。这些组织多用于衣着、装饰和技术织物。复杂组织按其形成方法分,主要有重组织、双层组织、起毛(绒)组织、毛巾组织和纱罗组织。本项目主要介绍重组织和双层组织。

任务一 重组织及织物

一、任务目标

(1)掌握重组织构作原则,学会绘制重经、重纬组织。
(2)掌握重组织的特点。

二、任务描述

绘制重经、重纬组织图,分析重组织织物样品并绘制样品组织图。

三、相关知识

由两组或两组以上经纱与一组纬纱交织,或由两组或两组以上纬纱与一组经纱交织而成的组织,称为重组织。

1. 重组织特点

(1)可制作双面织物,包括表里两面具有相同组织、相同色泽的同面织物及表里两面具有不同组织、不同色彩的异面织物。

(2)可制作表面由不同色彩或不同原料所形成的色彩丰富、层次多变的花纹织物。提花织物中,留香绉、花软缎、织锦缎、古香缎及彩色挂屏、像景等丝织物,都是用重组织制织的。

(3)由于经纱、纬纱组数增多,不但能美化织物的外观,而且在织物质量、厚度、坚牢度及保暖性等方面都有所增加。

重组织根据经纬纱配置组数不同,可分为两大类:一类为重经组织,是由两组或两组以上经纱与一组纬纱交织而成的经纱重叠组织;另一类为重纬组织,是由两组或两组以上纬纱与一组经纱交织而成的纬纱重叠组织。

2. 重组织总体构作原则

(1) 表里经(或表里纬)与纬纱(或经纱)交织的组织点,在一个完全组织内必须有一个共同组织点,因为表里经或表里纬只有共同组织点才能借助力学作用产生滚动和滑移。

(2) 在同等条件下,在一个完全组织内,表经(或表纬)浮长大于里经(或里纬)浮长,这样才能使表经遮盖住里经;表组织的浮点数必须大于或等于2,这样才能很好地遮盖住里组织的浮点。

(3) 表组织和里组织的循环纬纱数必须相等或一个为另一个的整数倍。

(一) 重经组织

由两组或两组以上经纱与一组纬纱交织而成的经纱重叠组织,称为重经组织。在丝织物中,采用重经组织进行织造的目的是在不使用多梭箱的情况下,使织物呈现不同原料、不同组织、不同色彩的复杂花纹,以增加织物美观。

根据经纱组数不同,重经组织可分为经二重、经三重与经多重组织,丝织物中以经二重居多。

经二重组织由两个系统经纱(即表经和里经)与一个系统纬纱交织而成。表经与纬纱交织构成织物正面,称为表面组织;里经与纬纱交织构成织物反面,称为反面组织;反面组织的里面称为里组织。

1. 设计原则

(1) 表面组织与里组织的选择。经二重组织织物的正反两面均显经面效应,其基础组织可相同或不相同,表面组织多数采用经面组织,反面组织也采用经面组织,因此里组织必为纬面组织。

(2) 为了使织物正反两面都具有良好的经面效应,表经的经组织点必须将里经的经组织点遮住,因此必须将里经的短浮线配置在相邻表经的长浮线之间,这是构成重组织最基本的一条原则。此外,每一根纬纱要和两种经纱交织,应使纬纱的屈曲均匀且尽可能小,其配置是否合理可以通过经纬向截面图进行观察。

(3) 表里经纱排列比根据织物质量及使用目的确定,一般常用1:1或2:1。当表里经纱线密度与密度相同时,可采用1:1的排列比;若仅仅是要增加织物厚度与质量,则可采用原料较差、线密度较高的纱线做里经,此时采用2:1的排列比。

(4) 确定经二重组织的组织循环纱线数。当表里经的排列比为 $m:n$,表组织的组织循环纱线数为 R_m,里组织的组织循环纱线数为 R_n 时,经二重组织的组织循环纱线数 R_j、R_w 的计算公式如下:

$$R_j = \left(\frac{R_m \text{与} m \text{的最小公倍数}}{m} \text{与} \frac{R_n \text{与} n \text{的最小公倍数}}{n} \text{的最小公倍数} \right) \times (m+n)$$

$R_w = R_{wm}$ 与 R_{wn} 的最小公倍数

例:某经二重组织,表里经纱排列比为 2:2,$R_m=3$,$R_n=4$,则

$$R_j = \left(\frac{3 \text{与} 2 \text{的最小公倍数}}{2} \text{与} \frac{4 \text{与} 2 \text{的最小公倍数}}{2} \text{的最小公倍数} \right) \times (2+2)$$

$$= \left(\frac{6}{2} \text{与} \frac{4}{2} \text{的最小公倍数} \right) \times 4 = 24$$

经二重组织的组织循环纬纱数 R_w 等于表、里组织的组织循环纬纱数的最小公倍数。

2. 组织图绘制

下面通过具体的例子来说明经二重组织图的绘制方法。

例：已知表组织采用 $\frac{3}{1}\nearrow$，反面组织采用 $\frac{3}{1}\nwarrow$，表、里经排列比为 1 : 1，绘制一经二重组织。

在绘制复杂组织的组织图时，因为不可能同时绘出表、里两个系统纱线的交织情况，因此假设表、里经纱位于同一平面上。

绘制步骤：

（1）根据要求画出表组织和反面组织，如图 5-1(a)和(b)所示。

（2）确定里组织。为了使织物的正面和反面都不露出另一个系统的经纱的短浮点，可借助辅助图来确定里组织的组织点配置。因为反面组织为 $\frac{3}{1}\nwarrow$，里组织应是 $\frac{1}{3}\nearrow$（依据底片翻转法获得）。如图 5-1(c)所示，在表面组织上，将已知表里经排列比 1 : 1 标出，图中纵行代表表经，纵向箭矢所示的粗线代表里经，横行代表纬纱。图 5-1(d)所示是辅助图，是按已知的表面组织、表里经排列比并结合"里组织的短经浮长配置在相邻表里经两浮长线之间"的原则而得到的里组织的配置规律。图 5-1(e)即为所求的里组织组织图，其中符号"■"代表里经组织点。

（3）确定组织循环纱线数。按已知表面组织与里组织及表里经排列比，得 $R_j = 4 \times 2 = 8$，$R_w = 4$，并在一个组织循环范围内，按表里经排列比划分表里区，用数字分别标注，阿拉伯数字 1、2、3 等代表表经纱，罗马数字 Ⅰ、Ⅱ、Ⅲ 等代表里经纱，如图 5-1(f)所示。

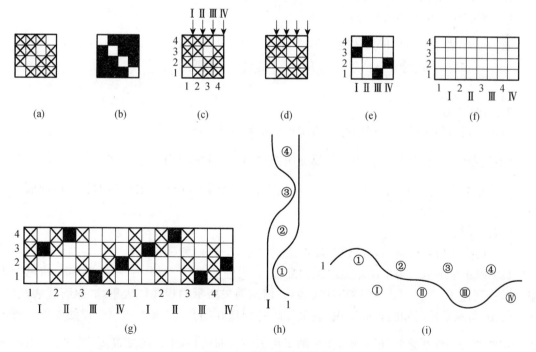

图 5-1 经二重组织绘制

（4）在表经与纬纱相交处填入表面组织，在里经与纬纱相交处填入里组织，得到的经二重组织如图5-1(g)所示。图5-1(h)为该经二重组织的纵向截面图，图5-1(i)为该经二重组织的横向截面图，用以检查组织点配置情况。

3. 经二重组织的应用

经二重组织在棉、毛、丝织物中均有应用。毛织物中主要用于高级精纺花呢；在中厚丝织物中应用较多，如留香绉、采芝绫等；棉织物中主要采用经起花组织，如各种府绸、女线呢等。

（二） 重纬组织

由两组或两组以上纬纱与一组经纱交织而成的纬纱重叠组织，称为纬二重或纬多重组织。重纬组织根据选用的纬纱组数，可分为纬二重、纬三重、纬四重及以上的组织。

重纬组织受织造条件的影响较少，一般在丝织物中应用，以丰富织物表面色彩与层次。

纬二重组织由两个系统纬纱（即表纬和里纬）与一个系统经纱交织而成，表纬与经纱交织构成表面组织，里纬与经纱交织构成反面组织，反面组织的里面为里组织。

1. 设计原则

（1）表面组织与里组织的选择。纬二重组织的织物正反两面均显纬面效应，其基础组织可相同或不同，表面组织多采用纬面组织，反面组织也采用纬面组织，因此里组织必为经面组织。

（2）为了使织物正反面具有良好的纬面效应，表纬的浮长线必须将里纬的纬组织点遮盖住，因此必须使里纬的短纬线配置在相邻表纬的长浮线之间，这是构成重组织最基本的一条原则。经纬纱之间配置是否合理，可通过纵向与横向截面图进行观察。

（3）表里纬纱排列比取决于表里纬纱的线密度、基础组织的特性及织机梭箱装置条件等，常用1:1、2:1或2:2。当织物正反面组织相同时，如里纬为高线密度纱，表里纬纱排列比可采用2:1；若表里纬纱的线密度相同，则排列比采用1:1或2:2。

（4）确定组织循环纱线数，算式如下：

$$R_j = R_{jm} \text{ 与 } R_{jn} \text{ 的最小公倍数}$$

$$R_w = \left(\frac{R_m \text{ 与 } m \text{ 的最小公倍数}}{m} \text{ 与 } \frac{R_n \text{ 与 } n \text{ 的最小公倍数}}{n} \text{ 的最小公倍数} \right) \times (m + n)$$

2. 组织绘制

下面通过具体的例子来说明纬二重组织的绘制方法。

例：绘制纬二重组织，其表组织与反面组织均为$\frac{1}{3}$斜纹，表里纬纱排列比为1:1。

在绘制复杂组织时，因为不可能同时绘出织物表里两个系统纱线的交织情况，因此假设表里纬纱位于同一平面上。

绘制步骤：

（1）根据题目要求画出表组织和反面组织，如图5-2(a)和(b)所示。

（2）确定里组织。为了确定里组织的配置，画出辅助图5-2(c)：在表面组织上，将已知表里纬纱排列比1:1标出，图中横格代表表纬，横向箭矢所示的粗线代表里纬，纵行代表经纱。图5-2(d)所示是按已知的表面组织、表里纬纱排列比并结合"里组织的短纬浮线配置在表组织的相邻两长纬浮线之间"的原则，得出的里组织（$\frac{3}{1}$斜纹）的组织点配置规律。图5-2(e)所示即为求得的里组织组织图。

（3）确定组织循环数。按已知表组织与里组织及表里纬纱排列比，求得 $R_j=4$，$R_w=4\times2=8$，并在一个组织循环范围内，按表里纬纱排列比划分表里区，用数字分别标注，如图 5-2(f)所示。

（4）在表纬与经纱相交处填入表面组织，在里纬与经纱相交处填入里组织，所求得的组织图如图 5-2(g)所示。图 5-2(h)所示为该纬二重组织的纵向截面图，图 5-2(i)所示为纬二重组织的横向截面图，用以检查组织点配置情况。

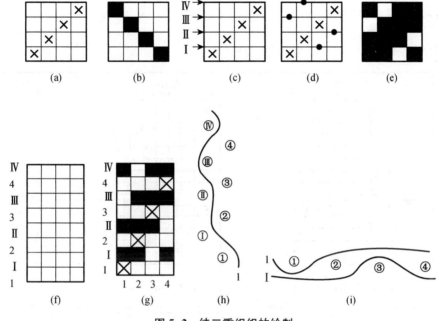

图 5-2　纬二重组织的绘制

3. 纬二重组织的应用

纬二重组织通常用于制织毛毯、棉毯、厚呢绒、厚衬绒等，也可用于技术织物，如工业用滤尘布等。

四、任务实施

（一）工具和材料

（1）工具：照布镜、分析针、意匠纸、直尺、铅笔、剪刀。

（2）材料：重纬织物样品若干。

（二）工作任务

（1）绘制表组织为 $\frac{8}{5}$ 经面缎纹，里组织为 $\frac{1}{3}$ 斜纹，表里经纱排例比为 1：1 的经二重组织图。

（2）绘制表组织为 $\frac{3}{1}$ 斜纹，里组织为 8 枚缎纹，表里经纱排列比为 1：1 的经二重组织图及其经向截面图。

（3）绘制表组织为 $\frac{1}{3}$ 纬面斜纹，里组织为 $\frac{3}{1}$ 经面斜纹，表里纬纱排列为 1：1 的纬二重组织图及其纬向剖面图。

（4）某纬二重织物，表组织为 8 枚经面缎纹，里组织为 16 枚经面缎纹，表里纬纱排列比为 1：1，绘制其组织图及其纬向剖面图。

（5）已知表组织为 $\frac{1}{5}\nearrow$，中间组织为 $\frac{1}{2}\nearrow$，里组织为 6 枚变则缎纹，3 组纬纱的排列比为 1：1：1，绘制该纬三重组织图。

（6）分析重纬织物样品的组织结构，并绘制组织图。

五、任务记录

（1）完成工作任务（1）～（4）并填入下表：

工作任务	表组织	里组织	重组织
（1）			
（2）			
（3）			
（4）			

（2）完成工作任务（5）并填入下表：

表组织	中间组织	里组织	重组织

（3）完成织物样品分析并填入下表：

样品密度（根/10 cm）		表组织	里组织	重纬组织
经密（P_j）	总纬密（P_w） 表纬纬密 里纬纬密			

六、思考与练习

（1）为了保证表、里组织的良好重叠，使里组织点不显露在织物表面，里组织应如何选择和配置？

（2）构作重组织时，为什么表、里组织的组织循环纱线数最好成倍数关系？

任务二　双层组织及织物

一、任务目标

（1）掌握双层组织的种类、构成原理与特点。

（2）掌握双层组织的设计要点。

二、任务描述

学会设计管状组织、双幅组织、表里换层组织和表里接结组织的组织图。

三、相关知识

（一）双层组织概述

由两个系统的经纱和两个系统的纬纱交织，形成相互重叠的上、下两层织物的组织，称为双层组织。

双层组织的表里两层相互重叠，上层的经纱和纬纱称为表经和表纬，下层的经纱和纬纱称为里经和里纬。上、下两层可以分离，也可以连接在一起。

为了便于在平面图上研究双层组织的组织规律，设想将上、下两层组织错开一定距离，使表、里纱线在同一平面上呈间隔排列的状态，以此来表达出两层的结构。图 5-3 所示是平纹双层织物结构。

1. 织造原理

织造双层组织时，按投纬比依次制织织物的上下层，表经只与

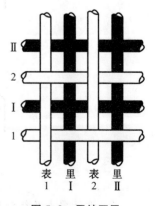

图 5-3　平纹双层
织物结构示意

75

表纬交织,里经只与里纬交织。制织双层组织的必要条件为:投入表纬织上层时,里经必须全部沉在梭口下部而不与表纬交织;投入里纬织下层时,表经必须全部提升而不与里纬交织。图5-4所示是平纹双层织物织造的提综情况,表经穿入综片1、2,里经穿入综片3、4。

织第一纬时,投表纬1,表经1与表经2形成梭口(综片1提起,综片2下沉),与表纬1交织制织上层织物,里经全部下沉。

织第二纬时,投里纬Ⅰ,里经Ⅰ与里经Ⅱ形成梭口(综片3提起,综片4下沉),与里纬Ⅰ交织制织下层织物,表经全部提起。

织第三纬时,投表纬2,表经1与表经2形成梭口(综片2提起,综片1下沉),与表纬2交织制织上层织物,里经全部下沉。

织第四纬时,投里纬Ⅱ,里经Ⅰ与里经Ⅱ形成梭口(综片4提起,综片3下沉),与里纬Ⅱ交织制织下层织物,表经全部提起。

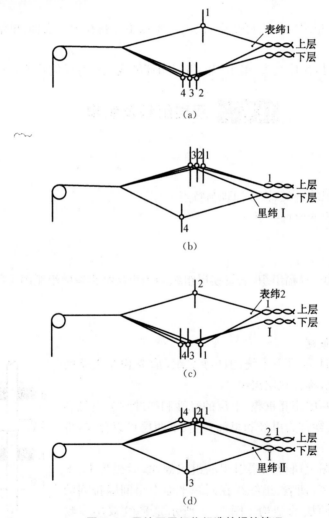

图5-4　平纹双层织物织造的提综情况

2. 设计要点及组织绘制

(1) 表、里层组织的确定。双层织物的上、下两层是各自独立的,两层组织的关系不如二重组织那样严格。表、里两层组织可相同也可不同(不同时,交织次数应接近,否则织造困难,影响布面平整)。常用的表、里组织有平纹、斜纹、重平、方平、四枚破斜纹等。

(2) 确定表经与里经的排列比。表经与里经的排列比与经纱的线密度和织物紧度有关。如果表、里经纱的线密度相同,紧度也相同,表经与里经的排列比取 1∶1 或 2∶2;如果表经细、里经粗(此时紧度相同)或表层紧密、里层稀疏(此时表里经纱的线密度相同),表经与里经的排列比可采用 2∶1。

(3) 确定表纬与里纬的投纬比。表纬与里纬的投纬比除了与纬纱的线密度和织物紧度有关外,还与织机的多梭箱装置有关。单侧多梭箱的投纬比必须是偶数;若投纬比中有奇数,则必须采用双侧多梭箱。

(4) 确定组织循环纱线数,算式如下:

$$R_{\mathrm{j}} = \left(\frac{R_{mj} \text{ 与 } m_{\mathrm{j}} \text{ 的最小公倍数}}{m_{\mathrm{j}}} \text{ 与 } \frac{R_{nj} \text{ 与 } n_{\mathrm{j}} \text{ 的最小公倍数}}{n_{\mathrm{j}}} \text{ 的最小公倍数}\right) \times (m_{\mathrm{j}} + n_{\mathrm{j}})$$

$$R_{\mathrm{w}} = \left(\frac{R_{mw} \text{ 与 } m_{\mathrm{w}} \text{ 的最小公倍数}}{m_{\mathrm{w}}} \text{ 与 } \frac{R_{nw} \text{ 与 } n_{\mathrm{w}} \text{ 的最小公倍数}}{n_{\mathrm{w}}} \text{ 的最小公倍数}\right) \times (m_{\mathrm{w}} + n_{\mathrm{w}})$$

式中:R_{j}——双层组织的循环经纱数;

　　　　R_{mj}、R_{nj}——表、里组织的循环经纱数;

　　　　R_{w}——双层组织的循环纬纱数;

　　　　R_{mw}、R_{nw}——表、里组织的循环纬纱数;

　　　　m_{j}、n_{j}——表、里经排列比;

　　　　m_{w}、n_{w}——表、里纬排列比。

(5) 填绘组织图,步骤如下:

① 在一个组织循环内,用不同的符号标出表、里经和表、里纬的排列序号。

② 用不同的符号在表经和表纬相交处的方格内填绘表组织,在里经和里纬相交处的方格内填绘里组织。

③ 由于投里纬织下层时,表经必须全部提升而不与里纬交织,因此在表经与里纬相交处的方格内全部填入特殊的经组织点符号(提综符号)。

(6) 穿综时采用分区穿法,一般表经穿入前区,里经穿入后区。穿筘时,同一组的表、里经穿入同一筘齿,以便表、里经上下重叠。

3. 双层组织织物的种类

表里两层连接的方式不同,可以获得各种双层组织织物。

(1) 连接上、下层两侧,构成管状织物。

(2) 连接上、下层一侧,构成双幅或多幅织物。

(3) 在管状和双幅织物的基础上,加部分单层织物,可以构成袋织物。

(4) 根据配色花纹图案,使表、里两层相互交换,构成表里换层织物。

(5) 用不同的接结方法,使两层织物紧密地连接在一起,构成表里接结织物。

4. 双层组织的应用

机织物中应用双层组织的主要目的:

(1) 采用一般的织机(非圆型)可制织管状织物。

(2) 使用两种或两种以上的色线作为表、里经纱或表、里纬纱,能构成纯色或配色花纹。

（3）表、里层采用不同缩率的纱线，能织出高花效应的织物。

（4）采用双层组织能增加织物的厚度和弹性。

双层组织在服用、装饰用、产业用织物中得到广泛应用。

（二）管状组织

连接双层组织的上、下层两侧，即可构成管状组织。管状组织实际上是由一组纬纱，以螺旋形与表经、里经顺序交织而形成的圆筒形空心袋组织。

1. 构成原理

（1）管状组织由两个系统的经纱和一个系统的纬纱交织而成，纬纱既做表纬又做里纬，往复循环于表、里两层之间。

（2）管状组织的表、里两层只在两侧边缘连接，而中间分离。

（3）表、里两层的经纱呈平行排列，纬纱呈螺旋形状态。

2. 设计要点

（1）表、里组织的选择。管状组织的表、里组织必须采用同一个组织，而且应尽量简单。为保证折幅处组织连续，应采用纬向飞数为常数的组织作为基础组织（如平纹、纬重平、斜纹、缎纹等）。若折幅处组织连续的要求不严格，可采用$\frac{2}{2}$方平、$\frac{2}{2}$破斜纹、$\frac{1}{3}$破斜纹作为基础组织。

（2）确定表、里经与表、里纬的排列比。

（3）确定组织循环纱线数。管状组织的组织循环纱线数的计算方法同双层组织。

（4）确定总经根数。为了保证表、里层连接处组织连续，不能随意增加或减少总经根数。总经根数按下式计算：

$$M_j = R_j Z \pm S_w$$

式中：M_j——总经根数；

$\qquad R_j$——基础组织的循环经纱数；

$\qquad Z$——表、里层基础组织的循环个数；

$\qquad S_w$——基础组织的纬向飞数。

当投纬方向自左向右时，S_w取负值；当投纬方向自右向左时，S_w取正值。实际上，无论S_w取负值还是取负值，都不影响管状组织的整体结构的性质，而仅仅是表、里层基础组织的纬向飞数的方向不同。

纬向飞数S_w是常数和总经根数$M_j = R_j Z \pm S_w$，是保证管状组织折幅处组织连续的两个必要条件。

3. 组织图绘制

图5-5所示是以平纹为基础组织，$R_j = 2$，$Z = 5$，$S_w = 1$，从左自右投第一纬，$M_j = 9$的管状组织图。具体绘制步骤如下：

（1）计算组织循环经/纬纱数

总经根数$M_j = R_j Z \pm S_w = 2 \times 5 - 1 = 9$，画出纬向剖面图，如图5-5（a）所示。

（2）绘制表、里层基础组织图，如图5-5（b）、（c）所示。

（3）标注表、里经纬纱序号。在一个组织循环内，用不同的符号标出表、里经和表、里纬的排列序号,如图5-5(d)所示。

(4) 填绘表、里组织。用不同的符号在表经和表纬相交处的方格内填绘表组织,在里经和里纬相交处的方格内填绘里组织,如图5-5(e)所示。

(5) 由于投里纬织下层时,表经必须全部提升而不与里纬交织,因此在表经和里纬相交处的方格内全部填入特殊的经组织点符号(图中用符号"○"表示)。图5-5(f)即为所求管状组织的组织图。

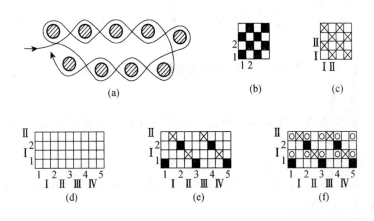

(a)　　　　(b)　　　　(c)

(d)　　　　(e)　　　　(f)

图5-5　管状组织绘制

4. 管状组织的应用

管状组织可以制织水龙带、造纸毛毯、圆筒形过滤布、无缝带子、人造血管等织物。

(三) 双幅组织

在双层组织的表里两层之间,如果只连接表、里两层的一侧,保证边缘处组织连续,可形成双幅或多幅组织。若要在窄幅织机上生产幅宽为织机幅宽2倍或2倍以上的织物,必须采用双幅或多幅组织进行织造。

双幅组织由一根纬纱往复不断地与表经、里经交织,并在一侧连接而形成。双幅组织的投梭顺序为:第1梭织表层组织,第2、3梭织里组织,第4梭织表层组织;三幅组织的投梭顺序为:第1梭织表层组织,第2梭织中层组织,第3、4梭织里层组织,第5梭织中层组织,第6梭织表层组织;依此类推,可形成各种多幅组织织物。

图5-6和图5-7所示分别为平纹双幅、三幅织物组织及其纬向剖面图。两图中,(a)为纬向剖面图,(b)为组织图,箭头表示第1纬的投纬方向。图5-7所示的组织中,增加了两根特经纱 T_1 和 T_2,用以控制纬纱收缩,从而达到各幅织物密度均匀的目的。

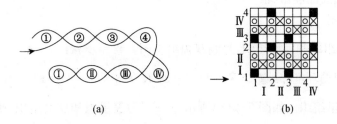

(a)　　　　(b)

图5-6　平纹双幅织物组织图及其纬向剖面图

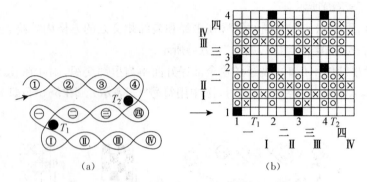

图 5-7　平纹三幅织物组织图及其纬向剖面图

1. 设计要点

（1）表、里组织的选择。双幅组织的表、里组织相同，一般为简单组织，如三原组织、纬重平组织等。

（2）表、里经的排列比。一般采用 1∶1 或 2∶2，以 1∶1 为多。

（3）表、里纬的投纬比。根据双幅组织的形成过程，表、里纬的投纬比（排列比）必须是 2∶2。

（4）确定组织循环纱线数：

$$R_{\mathrm{j}} = \left(\frac{R_{mj} \text{与} m_{\mathrm{j}} \text{的最小公倍数}}{m_{\mathrm{j}}} \text{与} \frac{R_{nj} \text{与} n_{\mathrm{j}} \text{的最小公倍数}}{n_{\mathrm{j}}} \text{的最小公倍数} \right) \times (m_{\mathrm{j}} + n_{\mathrm{j}})$$

$$R_{\mathrm{w}} = \left(\frac{R_{mw} \text{与} m_{\mathrm{w}} \text{的最小公倍数}}{m_{\mathrm{w}}} \text{与} \frac{R_{nw} \text{与} n_{\mathrm{w}} \text{的最小公倍数}}{n_{\mathrm{w}}} \text{的最小公倍数} \right) \times (m_{\mathrm{w}} + n_{\mathrm{w}})$$

式中：R_{j}——双幅组织循环经纱数；

R_{mj}、R_{nj}——表、里组织的循环经纱数；

R_{w}——双幅组织循环纬纱数；

R_{mw}、R_{nw}——表、里组织循环纬纱数；

m_{j}、n_{j}——表、里经排列比；

m_{w}、n_{w}——表、里纬排列比。

（5）确定总经根数。

$$总经根数 = 边经根数 + 内经根数$$
$$内经根数 = WP_{\mathrm{j}} \times 1/10$$

式中：W——单幅幅宽（cm）；

P_{j}——单幅成品经密（根/10 cm）。

2. 组织图绘制

以 $\frac{1}{2}$↗ 为表组织和反面组织，绘制双幅组织图。绘制步骤：

（1）计算组织循环经纬纱数。$R_{\mathrm{j}}=1+2=3$，$R_{\mathrm{w}}=3\times(2+2)=12$。

（2）确定表、里组织。如图 5-8（a）所示，$\frac{1}{2}$↗ 为表组织和反面组织，则里组织为 $\frac{2}{1}$↖，如图 5-8（b）所示。

（3）标注表、里经纬纱序号。在划定的组织循环内,用阿拉伯数字标注表经、表纬,用汉字数字标注里经、里纬,如图5-8(c)所示。

（4）填绘组织点。在表经与表纬交织处按表组织填绘组织点,在里经与里纬交织处按里组织填绘组织点,织里纬时表经全部提升(图中用符号"○"表示)。图5-8(d)所示即为所求的双幅组织图。

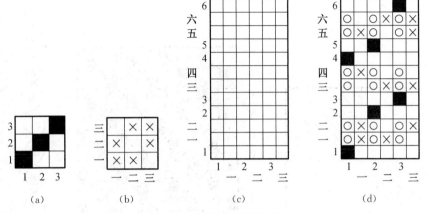

图 5-8　双幅组织图绘制

（四）表里换层组织

将双层组织中的表、里组织在不同区域互换位置,即甲区域内的表组织在乙区域内变为里组织,而甲区域内的里组织在乙区域内变为表组织,由此形成的双层组织称为双层表里换层组织。双层组织通常是采用不同颜色的表、里经纱和表、里纬纱,在一定纱线根数后,或沿着某种花纹轮廓线,调换表、里两层的纱线位置而织成。采用双层表里换层组织,可以获得花纹图案丰富且正反两面色彩互为表、里的织物,在提花织物中应用广泛。

1. 设计要点

（1）设计纹样图。

（2）选择表、里组织。常用简单组织,如平纹、$\frac{2}{2}$斜纹、$\frac{2}{2}$方平等。

（3）确定表、里经与表、里纬的排列比。在表里换层组织中,经纬纱需按纹样要求换层,即在某一位置为表经、表纬,在另一位置就为里经、里纬。为了避免混淆,常将表、里经的排列比称为色经排列比,如甲经:乙经;将表、里纬的排列比称为色纬排列比,如甲纬:乙纬。常用的色经排列比有1:1、2:1、2:2等,色纬排列比有1:1、2:1、2:2、2:4等。

（4）确定组织循环(一个花纹循环)经纬纱数。表里换层组织的循环经纬纱数应是表、里层基础组织的循环经纬纱数的整数倍。

2. 组织图绘制

（1）在一个花纹循环内按纹样划分区域。

（2）选定表层组织和里层组织。本例采用平纹组织为表、里层组织。

（3）确定经纬纱排列比。通常以阿拉伯数字表示甲色经纬纱,以罗马数字表示乙色经纬纱。图5-9中,甲、乙经纬纱的排列比均为1:1。

（4）确定组织循环经纬纱数。图5-9(a)中,A区或B区均由甲经、甲纬、乙经、乙纬各4根组成。因此,在一个花纹循环中,$R_j=2\times(4+4)=16$,$R_w=2\times(4+4)=16$。

（5）填绘组织图。在各区域内填绘相应的组织，即：在用作该区表层的色经、色纬相交处填绘该区的表组织；在用作该区里层的色经、色纬相交处填绘该区的里组织；在用作该区表经与里纬相交处填绘特殊提综符号。本例中，表组织的经浮点用"■"表示，里组织的经浮点用"×"表示，投入里纬时表经提起用"○"表示。图5-9（b）所示即为本例的表里换层组织，其纵向、横向剖面如图5-9（c）、（d）所示，用以检查表里换层是否正确。

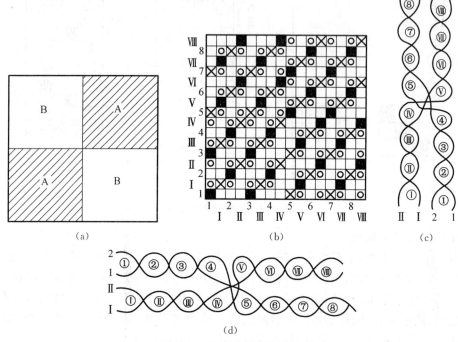

图5-9　平纹表里换层组织

（五）　表里接结组织

接结双层织物是依靠各种接结方法，使分离的表里两层构成一个整体的织物，其相应的组织称为表里接结组织。一般表层的要求高，里层的要求比较低，故表层常采用质量好且线密度较小的原料，以增进织物的外观。里层的作用有时主要是增加织物的厚度，所以对纱线的要求不高。

1. 接结方法

（1）下接上接结法或里经接结法：里经提升与表纬交织，形成接结。

（2）上接下接结法或表经接结法：表经下沉与里纬交织，形成接结。

（3）联合接结法：里经提起与表纬交织，同时表经下沉与里纬交织，共同形成接结。

（4）接结经接结法：采用附加的接结经与表、里纬纱交织，把两层织物连接。

（5）接结纬接结法：采用附加的接结纬与表、里经纱交织，把两层织物连接。

前三种称为自身接结法，后两种称为附加线接结法，一般采用前三种。

2. 设计要点

（1）选择表、里基础组织。表、里基础组织选用原组织或变化组织，可以相同，也可以不同。当表、里基础组织不同时，先确定表层组织，然后根据织物要求确定里层组织。

（2）确定表、里经纬纱排列比。排列比要根据织物用途及表、里层的组织、纱线线密度和密度等情况确定。常用的表、里经排列比有1：1、2：1、3：1等，常用的表、里纬排列比有

1:1、2:1、3:1、2:2、4:2等。

(3) 确定接结组织。用来接结的纱线与上、下两层组织的交织点,称为接结点。接结点在上、下两层中的配置规律称为接结组织。确定接结组织的原则:

① 在一个组织循环内,接结点的分布要均匀。

② 接结点不能在织物表面显露,因此应安排在两侧长浮线之间(若接结点是经组织点,应位于其左右的表经长浮线之间;若接结点是纬组织点,应位于其上下的表纬长浮线之间)。

③ 若表组织为斜纹组织,接结点的分布方向应与表组织的斜纹方向一致。

表组织为经面组织时,选用里经接结法有利于接结点的遮盖。

表组织为纬面组织时,选用表经接结法有利于接结点的遮盖。

表组织为同面组织时,选用里经接结法为好,因为一般经纱比纬纱细而牢,接结点易遮盖且接结牢固。

(4) 确定组织循环纱线数。组织循环经纬纱数的确定可参照经或纬二重组织。在使用接结经(纬)接结时,应加上接结经的根数。

3. 组织图绘制

(1) 下接上法表里接结组织图绘制。某双层交织鞋面布,以 $\frac{2}{2}$ 方平为表组织,$\frac{2}{2}\nwarrow$ 为里组织,表里经纱排列比为1:1,表里纬纱排列比为2:2(投纬次序为里1、表2、里1),用下接上法绘制其表里接结双层组织。

① 选定表里组织。表组织如图 5-10(a)所示,里组织如图 5-10(b)所示。

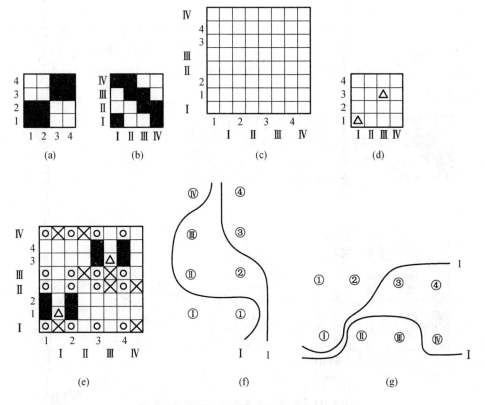

图 5-10 下接上法表里接结双层组织绘制

② 确定接结组织。下接上接结法由里经提升与表纬交织而形成接结。为使织物表层不暴露里经和织物反面不暴露表纬,要求:表组织应有一定长度的经浮长遮盖里经接结点,里组织反面应有一定长度的纬浮长遮盖表纬接结点,接结组织的接结点要配置在表经的浮长线中央。按此要求,确定接结组织如图5-10(d)所示,里经与表纬交织时,接结组织点配置在表经的浮长线中央。

③ 计算组织循环纱线数。$R_j=4\times(1+1)=8$,$R_w=2\times(2+2)=8$。

④ 标注表、里经纬纱序号。在划定的组织循环内,以阿拉伯数字1、2、3等表示表经、表纬,以罗马数字Ⅰ、Ⅱ、Ⅲ等表示里经、里纬,如图5-10(c)所示。

⑤ 填绘表、里组织。在表经与表纬交织处填绘表组织,里经与里纬交织处填灰里组织,织表纬时里经按接结组织提升,织里纬时表经都提起。图5-10中,(e)所示即为所求的下接上表里接结双层组织图,(f)、(g)分别为其纵、横向剖面图。

(2) 上接下法表里接结组织图绘制。以表组织为$\frac{2}{2}\nearrow$,里组织为$\frac{2}{2}\nearrow$,表里经排列比1∶1,表里纬排列比1∶1,用上接下法绘制表里接结双层组织。

① 选定表里组织。表组织如图5-11(a)所示,里组织如图5-11(b)所示。

② 确定接结组织。上接下接结法由表经下沉与里纬交织而形成接结。为使织物表层不暴露里纬和织物反面不暴露表经,要求:表组织应有一定长度的纬浮长遮盖里纬接结点,里组织反面应有一定长度的经浮长遮盖表经接结点,接结组织的接结点要配置在表纬的浮长线中央。按此要求,确定接结组织如图5-11(c)所示,里经与表纬交织时,接结组织点配置在表纬的浮长线中央。

③ 计算组织循环纱线数。$R_j=4\times(1+1)=8$,$R_w=4\times(1+1)=8$。

④ 标注表、里经纬纱序号,如图5-11(d)所示。

⑤ 填绘表、里组织。在表经与表纬交织处填绘表组织,里经与里纬交织处填绘里组织,织表纬时里经全部下沉,织里纬时表经除了按接结组织下沉外,其余的都提起。图5-11中,(d)所示即为上接下表里接结双层组织图,(e)为第1根表、里经的纵向剖面图,(f)为第1根表、里纬的横向剖面图。

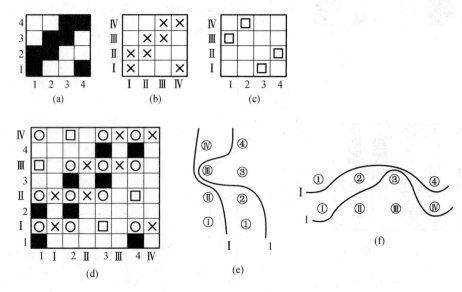

图5-11 上接下法表里接结双层组织绘制

四、工作任务

（1）绘制以平纹为基础组织的管状组织及其横向剖面图,织造时第一纬自左向右投入表层。

（2）绘制以 $\frac{2}{1}\nearrow$ 为基础组织的管状组织及其纬向截面图。

（3）以 $\frac{1}{2}\nearrow$ 为表组织和反面组织,表里经排列比为 1∶1,绘制双幅组织图及其纬向截面图。

（4）绘制一双层表里换层组织图,其基础组织为平纹,色经及色纬排列比均为 1 黑、1 白,要求织物表面显示图 A 所示花型,花型中最小的方格内有表、里经纬纱各 2 根。

（5）绘制一接结双层组织图,其表组织为 $\frac{2}{2}\nearrow$,里组织为 $\frac{2}{1}$ 方平,表、里经纬纱排列比为 1∶1,采用下接上接结法。

（6）已知一空心双层组织图(图 B),试分别对图中甲用下接上接结法,对图中乙用上接下接结法接结,绘出接结点位置。

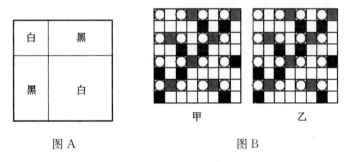

图 A　　　　　　　　甲　　　　　乙

图 B

五、任务记录

（1）完成工作任务(1)~(3)并填入下表：

工作任务	组织图	纬向截面图
(1)		
(2)		
(3)		

（2）完成工作任务（4）～（6）并填入下表：

工作任务（4）	工作任务（5）	工作任务（6）	
表里换层组织图	接结双层组织图	下接上接结图	上接下接结图

六、思考与练习

叙述接结双层组织中各种接结方法的接结点配置原则。

纹织 CAD 设计与模拟

任务一 纹织 CAD 软件功能

一、任务目标

通过学习,能熟练运用纹织 CAD 的各个功能。

二、任务描述

通过对功能的熟练运用为纹样设计及纹版试样打下基础。

三、相关知识

(一) 扫描工具栏

1. 切换
各工具栏之间的切换。

2. 扫描
通过扫描仪扫描布样,并将布样导入纹织 CAD。

3. 放大缩小
在位图上单击鼠标左键,默认为放大功能(也可按键盘上的 Insert 键或 Page Up 键),则位图被放大;如果在单击左键的同时按下 Shift 键(也可按键盘上的 Delete 键或 Page Down 键),则位图被缩小。

4. 亮度对比度调整
可移动亮度对比度的滚动条进行调节,直至图形清晰。

5. 裁剪
在位图上按住鼠标左键不放,移动鼠标,拉出裁剪框,双击鼠标左键,则可以裁剪位图(单击鼠标右键,也可进行裁剪或取消)。

6. 校正裁剪

在位图上按住鼠标左键不放,移动鼠标,拉出裁剪框,再按住鼠标,移动裁剪框周围的四个点,可以改变裁剪框的大小和形状,双击鼠标左键,则可以裁剪位图(单击鼠标右键,也可进行裁剪或取消)。

7. 放入组版缓冲区

将当前位图放入组版缓冲区,以待拼接。

8. 取出组版缓冲区

将当前位图从组版缓冲区内取出。

9. 组版设置

单击该按钮,弹出组版参数设置对话框。该对话框主要用于选择组版的位图及它们之间的基本位置,最多可选择16个位图。

10. 任意移动位图

当前窗口为组版窗口时,这个按钮才起作用。单击此按钮,在位图上按住鼠标不放,可以左右上下任意移动位图。

11. 水平移动位图

当前窗口为组版窗口时,这个按钮才起作用。单击此按钮,在位图上按住鼠标不放,可以水平移动位图。

12. 垂直移动位图

当前窗口为组版窗口时,这个按钮才起作用。单击此按钮,在位图上按住鼠标不放,可以垂直移动位图。

13. 组版

单击该按钮,将对组版窗口内的位图进行组版,并打开一个新的窗口,包含已完成组版的位图,而组版窗口还没有关闭。

14. 新建

必须在位图分色后,才能使用该功能,由位图生成意匠文件。

15. 手工分色

在位图的相应位置单击鼠标,则当前点的颜色将被放入调色板;如果调色板中已经有该颜色,则不执行。

16. 自动分色

(1) 单击该按钮,弹出对话框:

（2）在"分色数"一栏中，写入需要将位图分成的颜色数，再单击"确定"按钮，将得到相同颜色数的调色板。

（二）绘图工具栏

1. 切换

各工具栏之间的切换。

2. 自由笔

点击鼠标左键，确定起点，再按住左键拖拽鼠标，鼠标的轨迹就是所画的线。结束时，放开鼠标左键即可。

3. 勾轮廓

每次单击鼠标左键会出现一个红色小方框，三个小方框就可连成一条线。结束画线时，按鼠标右键即可。按住 Ctrl 键的同时，把光标移到红色小方框上，并按住鼠标左键拖动，可以随意调整轮廓线的位置。

4. 画直线

按着鼠标左键，可画出直线，结束时放开左键即可。

5. 画矩形

按着鼠标左键，可画出矩形。

6. 画椭圆

按着鼠标左键，可画出椭圆。

7. 画正多边形

按着鼠标左键，可画出正多边形。

8. 画任意多边形

点击鼠标左键，确定多边形的起点；然后放开左键，拖拽鼠标至下一个顶点，点击右键、放开；再拖拽鼠标至下一顶点，点击右键。如此反复，直至画出所有顶点。在最后一个顶点上，点击左键，结束操作。

9. 橡皮筋

用左键画两点成一直线，在直线上任一处拖拽鼠标，可将直线变为曲线，连续操作则可使曲线符合要求。

10. 画曲线

点击鼠标左键，确定起点；再点击左键，确定一个锚点，在该锚点处按住左键并拖拽鼠标，调整控制手柄的方向，确定后放开；再点击左键，确定下一个锚点，按住左键并拖拽鼠标，使曲线符合要求，确定后放开。按住 Alt 键，左键点击任意锚点，可调节锚点调节线控制手柄的方向，以便更好地调节曲线弧度。勾画出所要求的曲线后，点击右键，结束操作。

11. 喷枪

选择喷枪功能，出现上面的工具栏。设置"经向高"和"纬向宽"是确定喷枪点的范围，设置

"泥点数量"是确定点的密度,设置"经向浮长"和"纬向浮长"是确定允许连续的最大组织点。

12. 填充🖌

| ○ 换色　○ 表面填充　● 边界填充　○ 轮廓填充 |

在上面的辅助工具栏中选择使用选项。选中"换色"单选项,将选区内与鼠标点击处的颜色相同的所有颜色块换为前景色;选中"表面填充"单选项,与鼠标点击处的颜色相同的相连闭合区域填充为前景色;选中"边界填充"单选项,填充时先用鼠标右键选择边界颜色,再按空格键变为"保护"状态,然后在需填充区域内单击鼠标左键,以此为中心的所有颜色被换为前景色,直至遇到边界颜色时停止;选中"轮廓填充"单选项,填充时和自由笔操作相似,单击左键,确定轮廓起始点,然后不按任何键,拖拽鼠标勾勒轮廓,再点击左键,封闭轮廓,并用前景色填充轮廓内部。

除"轮廓填充"外,进行其他填充操作时,在需要填充的区域内点击左键即可(有选区时,操作局限于选区内;无选区时,进行全范围操作)。

13. 降噪(去杂点)🔲

| 相邻点数 32 ▾ ☑ 所有杂点 |

在上面的辅助工具栏中选择使用选项。选择"相邻点数",确定需要去除杂点的大小;选择"所有杂点",降噪过程中将去除所有大小符合相邻点数的杂点,不论颜色。

操作时,用左键点击需去除的杂色点(待处理区域内)即可(有选区时,操作局限于选区内;无选区时,进行全范围操作)。

14. 包边♡

| ☑ 上边 ☑ 下边 ☑ 左边 ☑ 右边　○ 向内 ● 向外　经向针数 2 ▾　纬向针数 2 ▾　□ 圆滑搭针 |

在上面的辅助工具栏中选择使用选项,选择"上边""下边""左边""右边"复选项,包边时将对指定方向进行包边;选择"向内""向外"单选项,包边时将按指定项进行处理;设定"经向针数"和"纬向针数"可以改变包边的宽度和高度;"圆滑搭针"复选项是全范围向外包边时设置的,选中时,包边将在角点处进行特殊处理,使过渡尽量圆滑(注意:"圆滑搭针"时不能"向内"包边)。包边时,左键点击需包边的颜色块即可。

15. 勾边🔲

| 经向针数 5 ▾　纬向针数 5 ▾　经向循环偏移 3 ▾　纬向循环偏移 2 ▾　☑ 平纹 ● 单起 ○ 双起 |

在上面的辅助工具栏中选择使用选项,设定"经向针数"和"纬向针数",可以改变勾边的宽度和高度;设定"经向循环偏移"和"纬向循环偏移",可以改变勾边的起始位置;选择"平纹"复选项,设定"单起"或"双起"单选项,则按平纹规律进行勾边。

16. 平移拷贝🔲

| ○ 保持原状 ○ 左右翻转 ● 上下翻转 ○ 对角翻转　☑ 留底 □ 接回头 |

在上面的辅助工具栏中选择使用选项,以确定拷贝时图像的翻转方向。选择"留底"复选

项,平移拷贝后原选区图像不变;不选该选项,则拷贝后原选区填充背景色。选择"接回头"复选项,择拷贝时图像在意匠四边位置自动接回头。操作时,用右键在选区内点击,然后放开,拖拽鼠标至待拷贝位置,再用左键点击。重复上述步骤,结束时用右键点击(最后一个拷贝位置)即可(无选区时,此按钮无效)。

17. 旋转

在上面的辅助工具栏中选择使用选项,在"旋转中心"选项的五个单选项中任选一个,以确定旋转的中心点。五个选项分别代表选区的左上角、右上角、左下角、右下角、中心。选择"实物旋转",旋转后保持图像的实物状态不变形(经密和纬密要设置正确);设置"间隔角度"(角度为正值表示顺时针旋转,角度为负值表示逆时针旋转)和"旋转次数",再选择"旋转",则图像按设定的间隔角度和旋转次数旋转。操作时,在选区内点击左键,再按住左键拖拽鼠标,使图像旋转至合适位置,放开左键即可。

18. 翻转

用左键选取范围后单击,进入该功能。一般情况下,经向针数和纬向针数均为"1",点击"左右翻转"、"上下翻转"或"对角翻转",可以使选区内的图案做相应的翻转。有选区时,操作局限于选区内;无选区时,进行全范围操作。"对角翻转"选区必须经纬线根数相等,否则此按钮无效。

19. 镜像

在上面的辅助工具栏中选择使用选项,选择"左右镜像"或"上下镜像",确定镜像方向。操作时,左键点击需镜像的区域即可。有选区时,操作局限于选区内;无选区时,进行全范围操作;选区为多边形时,此按钮无效。

20. 接回头

在上面的辅助工具栏中选择使用选项。选择"上下固定",按上下中心线进行接回头;选择"左右固定",按左右中心线进行接回头;选择"上下任意",按点击点为上下分界线进行接回头;选择"左右任意",按点击点为左右分界线进行接回头;选择"四方接回头",左右上下同时接回头;选择"跳接",按跳接顺序接回头。

操作时,左键点击需接回头的区域即可。有选区时,操作局限于选区内;无选区时,进行全范围操作;选区为多边形时,此按钮无效。

21. 居中

用左键框取范围后单击,进入该功能。选择"左右居中"或"上下居中",可将选区内的图案居中。选择"留底",居中时原选区内图案保留,不选此选项则居中后原选区填充背景色。无选区或选区为多边形时,此按钮无效。

22. 平铺

| ○ 左上角起点 ⊙ 当前点起点 | ☑ 自定义范围 | 左边 | 20 | 右边 | 160 | 上边 | 1 | 下边 | 200 | ☑ 参考组织 | p2 | ▼ |

在上面的辅助工具栏中选择使用选项。选择"左上角起点"或"当前点起点",确定平铺起点;选择"自定义范围",平铺前要先设定范围;选择"参考组织",再选定组织,则按此组织规律平铺选区内图案。

操作时,先选择要平铺的图案或组织,再用左键点击需平铺的区域或颜色即可。无选区或选区为多边形时,此按钮无效。

23. 连续拷贝

| ○ 保持原状 ⊙ 左右翻转 ○ 上下翻转 ○ 对角翻转 | 经偏 | 30 | 纬偏 | 0 | 左边 | 3 | 右边 | 160 | 上边 | 1 | 下边 | 200 | 拷贝 |

在上面的辅助工具栏中选择使用选项,以确定拷贝时图像的翻转方向。"经偏""纬偏"用于设置拷贝时图像的偏移距离。不需要偏移时,设置经偏"0"、纬偏"0",但不能空白。

操作时,先选择要拷贝的图案或组织,再按小键盘上的1、2、3、4、6、7、8、9数字键,确定拷贝的位置(此时 NumLock 键应按下)。拷贝过程中可以更改待拷贝图案或组织的翻转方向,但对已拷贝图案或组织无效。如设置了"左边""右边""上边""下边"参数,选择"拷贝",可在指定范围内连续拷贝。

24. 顺序排列

| 数量 | 5 | ▼ | ○ 水平 ⊙ 垂直 ○ 切向 ○ 法向 | ○ 直线 | 经向 | 100 | 纬向 | 100 | ⊙ 圆弧 | 半径 | 100 | 起点 | 0 | ▼ | 终点 | 300 | ▼ |

在上面的辅助工具栏中选择使用选项。设置"数量",则确定排列的图像个数;选择"水平""垂直""切向""法向",则确定排列时的图像方向;选择"直线",并设置"经向"和"纬向"参数,则按经纬向固定间隔数("经向"和"纬向"的值)确定的直线排列;选择"圆弧",并设置"半径""起点""终点"的参数,则按起点角度和终点角度及半径确定的圆弧排列。

操作时,先选择要排列的图像,直线在起点处、圆弧在圆心处,用左键点击即可。无选区时,此按钮无效。

25. 图案

| 使用图案号 | 1号图案 | ▼ |

在上面的辅助工具栏中选择使用选项,设置使用的图案号。铺设图案时,在需铺的位置,左键单击即可。

26. 字体A

单击字体A按钮,进入该功能,弹出主工具框:

| ⊙ 系统 ○ 自定 | 经向间距 | 0 | ▼ | 纬向间距 | 0 | ▼ | ⊙ 左对齐 ○ 右对齐 ○ 居中 | ☑ 字体旋转 | 曲线 | 半径 | | 起点 | | 终点 | | 圆弧 |

在上述主工具框中选择"系统"，弹出对话框：

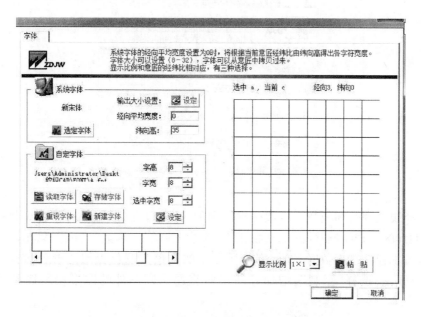

在以上对话框的"系统字体"中选择"选定字体"，弹出对话框：

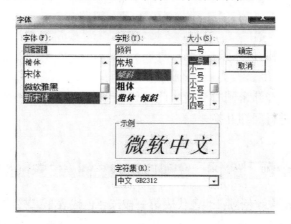

在以上对话框中可设置"字体""字形""大小"参数，完成后点击"确定"按钮，就可以在意匠上输入文字；也可以在"系统字体"中设置"经向平均宽度""纬向高"，再按"设定"，确定输出字体的大小。

在字体Ａ的主工具框中选择"字体旋转"，设置"曲线"或"圆弧"，则改变字体的排列格式。

（三）工艺工具栏

1. 切换

各工具栏之间的切换。

2. 意匠设置

按此按钮，弹出对话框：

改变"经线数"和"纬线数",则改变意匠图的大小;改变"织物经密"和"织物纬密",则改变各绘图工具的实物绘制状况(如实物正方、实物正圆等);选择"增减",只是增加或减少经纬线根数,增加经纬线根数时,增加部分所显示的颜色为调色板的背景色;选择"缩放",则按比例缩放原图;选择"复制",增加经纬线时将原意匠图外的图形也复制到重设后的意匠中。

3. 经纬互换

单击"经纬互换"按钮,进入该功能后,直接点击"顺时针旋转"或"逆时针旋转",就可直接进行经纬互换。

注意:经纬互换时,经纬密同时互换。此时如果要恢复互换操作,要重设意匠的经纬密,或按与原来相反的方向进行经纬互换。

4. 投梭

在调色板上选择投梭颜色号:1♯色代表第一梭,2♯色代表第二梭,3♯色代表第三梭,……,0♯色则代表清空投梭。

在辅助工具栏中选择使用选项。设置"停撬起点"和"停撬终点","纬密"表示织物纬密。点击"停撬",则自动添加第一梭的停撬信息(与此相关的织物纬密要设置正确),可多次分段设置。选择"选色修改投梭信息",允许在调色板上选择已投梭颜色修改投梭信息,否则只能以每梭自身颜色修改自身投梭信息。

结束时,再点此按钮,投梭信息被自动保存。

5. 设置辅助针

(1)点击此按钮,则在意匠图的右边出现两个区域,第一个是投梭针区域,第二个是选纬针区域,在这两个区域内画出投梭规律和选纬规律信息即可(画投梭针还是选纬针,根据所选样卡决定)。结束时,再点此按钮,就可以保存信息。

(2)在选纬框内可绘制投梭规律,再进入"投梭"功能,在选纬框内的任意一处单击,就可将此投梭规律复制到投梭区内。

6. 配置(包括图案、字体、组织) ⚙

(1) 图案对话框同绘图工具栏 25。

(2) 字体对话框同绘图工具栏 26。

(3) 组织对话框:

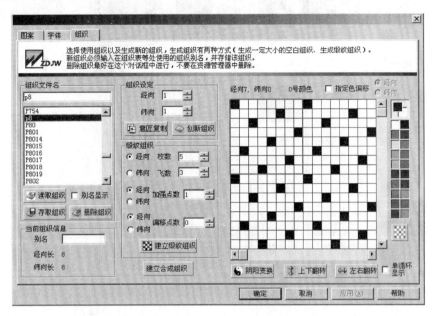

① 对话框左边的列表显示所有的组织文件,正常显示的是各组织的文件名,如果选中下方的"别名显示",则列表中显示的是组织的别名。在"组织文件名"列表中单击某文件名(或在"组织文件名"中输入文件名,再单击"读取组织"按钮),则读取相应的组织;单击"存取组织"按钮,则保存相应的组织文件名;单击"删除组织"按钮,则删除相应的组织。组织的文件名、别名最好不要超过 8 个字节。

② "当前组织信息"按钮显示的是当前选中组织的"别名"及该组织的"经向长"和"纬向长","别名"是用字母或符号给组织命名时必须保存的信息。

③ 在"组织设定"栏中输入经向和纬向的根数,然后单击"创新组织"按钮,则按设定值创建空白组织,再手工设置组织点;单击"意匠复制"按钮,可将意匠文件中的组织复制到组织库中。注意底色纬组织点必须采用 1♯色。

④ "缎纹组织"按钮用于生成飞数为常数的缎纹、斜纹、平纹组织及其加强组织。输入"枚数"及"飞数"及其方向(经向或纬向),再输入"加强点数"及其经纬向,单击"建立缎纹组织"按钮,将自动生成所需要的组织。

⑤ 对话框右边显示的是当前显示组织的内容,红框内为一个组织循环。在右边的调色板上单击,可以选择当前画笔颜色,背景色缺省为白色。当鼠标移动到某点时,绘图区上方将显示该点的经向和纬向数及该点的颜色号。

⑥ 单击"阴阳变换"按钮,可把组织中的经组织点变成纬组织点、纬组织点变成经组织点。单击"上下翻转"按钮,则按照纬向循环大小,将组织中的各纬上下翻转。单击"左右翻转",则按照经向循环大小,将组织中的各经左右翻转。

⑦ 单击"建立合成组织",弹出对话框:

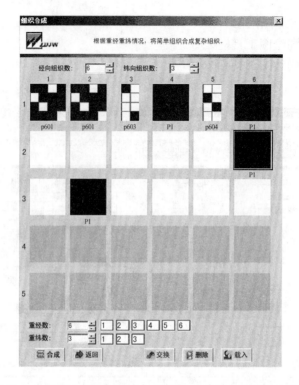

a. 该对话框用于将几个简单组织合成复杂组织(如重经、重纬、双层组织)。

b. 首先选择经向和纬向的组织个数,经向最多有 6 个组织,纬向最多有 5 个组织。

c. 设定组织个数后,双击各白框(或单击选中的白框,然后单击"载入"按钮),选择各组织。如果对应为全沉组织,可以不选。单击已经选择组织的框,单击"删除"按钮,可以删除所选组织。选中一个框后,按住 Ctrl 键,再单击另一个框,可以选中两个组织框,单击"交换"按钮,可以交换这两个组织的位置。

d. 还需要设置重经和重纬数(最大均为 10),选择各经和各纬的组织根数(经向 1~6,纬向 1~5)。

e. 设置完成后,单击"合成"按钮,将合成复杂组织。

f. 上述对话框中的几个简单组织合成的复杂组织为:6 经 3 纬(24×12)。

7. 铺组织▨

| 经向内 0 ▼ | 纬向内 0 ▼ | 经向浮长 0 ▼ | 纬向浮长 0 ▼ | 起点 ⊙左上 ○左下 ○右上 ○右下 ○当前点 | 参考组织 p12-5w ▼ |

在上面的辅助工具栏中选择使用选项。设置"经向内"和"纬向内",可改变铺组织时的缩进宽度和高度;设置"经向浮长"和"纬向浮长",铺组织时此浮长范围内不会被铺上组织点;选择"起点"后面的五个选项中的任意一个,则改变铺组织的起点;设置"参考组织",可以改变铺组织时所用的组织。

操作时,在要铺组织的颜色(指定区域内)上以左键单击即可。有选区时,操作局限于选区内;无选区时,进行全范围操作。

8. 间丝▨

| ○单起 ⊙双起 ○随意间丝 ○画点 ⊙画线 排笔距 2 ▼ |

在辅助工具栏中选择使用选项。选择"单起"或"双起",确定平纹种类。选择"随意间丝""画点"或"画线",确定间丝的类型。设定"排笔距",可改变间丝点的间距。"随意间丝"时,以左键在起始点上点击,然后按住左键拖拽鼠标(此时"单起"和"双起"均不起作用);"画点"时,间丝点随鼠标轨迹,按"单起"或"双起"规律铺设;"画线"时,间丝点分布在起始点和结束点的连线上,按"单起"或"双起"规律铺设。结束时,放开左键即可(此时"排笔距"不起作用)。

9. 影光▓

参考组织 995 ▼ ○经加强 ○纬加强 ○同时加强 ○手绘 经向宽 10 ▼ 纬向高 10 ▼ 加强 1 ▼ ○自动 最小 0 ▼ 最大 1 ▼

在辅助工具栏中选择使用选项。设置"参考组织",选定影光的基本组织。选择"经加强"或"纬加强"或"同时加强",确定影光加强的方向。

"手绘":设置"经向宽"和"纬向高",则确定影光的范围;设置"加强点数",则确定影光的加强组织范围。"手绘"画影光时,在起始点处以左键点击,然后按住左键拖拽鼠标,至结束点处放开左键即可。

"自动":设置"最小值"和"最大值",则确定加强组组范围。"自动"画影光时,按住鼠标左键,在需绘制影光处,沿影光方向拉一条直线即可。

按住 Ctrl 键,可反向加组织点(从经效应加强到纬效应),所加组织点的颜色为背景色。

10. 泥地♙

(1)选色,点此按钮,出现对话框:

颗粒泥地
冰片泥地
震碎泥地

(2)点击"颗粒泥地",在所需的颜色上点击左键,即出现对话框:

点击"渐变泥地",在所需的颜色上用左键沿泥地渐变方向拉一条直线,即出现对话框:

点击"环形泥地",在所需的颜色上点击左键,即出现对话框:

点击"冰片泥地",在所需的颜色上点击左键,即出现对话框:

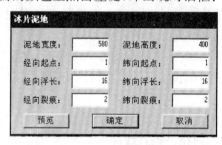

点击"震碎泥地",在所需的颜色上点击左键,即出现对话框:

(3) 设置好所用泥地对话框中的各选项,可先"预览"泥地的效果,效果不理想可修改所选参数,满意后再点击"确定"即可。

11. 组织配置表和组织表▉▉

(1) 组织配置表对话框:

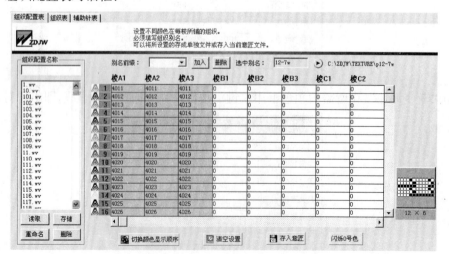

① 上述对话框弹出时,缺省读取当前意匠文件的组织配置表。

② 配置表的 Y 方向为所有的颜色号(除 0 号色外),如果意匠中使用了某颜色,则在该颜色前增加一个颜色标记;X 方向为梭数,在每个对应框中填入对应颜色在对应梭数中使用的组织文件名或组织别名,在右下角显示的则是当前对应的组织图。

③ 单击"切换颜色显示顺序"按钮,则所有使用的颜色会显示在最前面,再单击此按钮,则按正常顺序显示。单击"清空设置"按钮,将把所有填写的组织清除为全沉组织。单击"存入意匠"按钮,将把设置存入当前意匠文件。在颜色号处双击,则对应的颜色在意匠图上闪烁显示。单击"闪烁 0 号色",则 0 号色会在意匠图上闪烁显示。

④ 对话框左边的列表显示所有的组织配置表文件名,单击列表中的某个文件名(或在"组织配置名称"栏中输入组织配置表文件名,然后单击"读配置表"按钮),将读取该组织配置表内容,并显示在右边。单击"存配置表"按钮,将把设置的内容存入"组织配置名称"栏中显示的组织配置表文件中。

（2）组织表对话框:

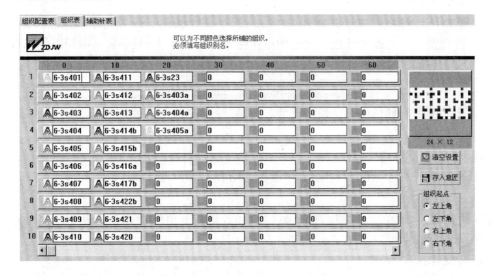

① 点击"组织表"对话框时,缺省读取当前意匠文件的组织表。

② 组织表中包括 1～254 号颜色,意匠中使用过的颜色前面都增加了一个颜色标记。在各颜色对应框内填入此颜色需铺组织的组织文件名或组织别名。

③ 单击"清空设置"按钮,将把所有填写的组织清除为全沉组织。单击"存入意匠",将把设置的内容存入当前意匠文件中。

④ 在各颜色块上铺组织时,还需要考虑组织起点问题,可单击"组织起点"按钮进行设置,有"左上角""左下角""右上角""右下角"四个选项。

（3）辅助针表对话框:

① 点击"辅助针表"对话框时,缺省读取当前意匠文件的辅助针表。

② 辅助针表可选择"从样卡中读取"或从左边的"辅助针表名称"栏中读取。

③ 辅助针表填好后可直接"存入意匠",或在"辅助针表名称"对话框中输入组织表名称,再点击左下方的"存辅助针表",以便日后读取。

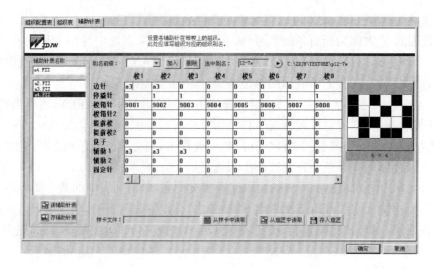

12. 显示组织▨

单击此按钮,将根据组织表内的设置,将组织以特定颜色 255 号色显示在意匠图上(255号色可在特殊调色板上改变颜色),而组织点实际上没有铺上去,只是显示组织以便查看。

13. 显示浮长▨

⊙经向浮长 ○纬向浮长 最小长度 [1 ▾] 最大长度 [20 ▾] 换色

在上面的辅助工具栏中选择使用选项。选择"经向浮长"或"纬向浮长",则显示纬浮长或经浮长;设置"最小长度"和"最大长度",可以改变显示浮长的范围。

操作时,用左键单击要显示浮长的颜色即可。选择未使用过的颜色,点击"换色"便可将设定的浮长范围换成所选颜色,仍显示原来颜色的则表示浮长过长,可进行修改。

14. 高亮显示▨

在调色板上选择显示高亮反衬的深色背景色,在右下角的特殊调色板中设置高亮色(浅色)。点击此按钮,即可以高亮显示指定前景色。

15. 增减经纬线▨

变经线 变纬线 变经纬 ○添加 ⊙删除 经起 [229] 经向宽 [129] 纬起 [405] 纬向高 [56]

选择"添加"或"删除"按钮,框取要改变的范围,放开左键即完成增减参数的设定,再点击"变经线"或"变纬线"或"变经纬"即可。"经起"指增减经向起点位置,"经向宽"指增减经向根数,"纬起"指增减纬向起点位置,"纬向宽"指增减纬向根数。增减区域的参数都可通过输入数值进行设置,然后点击"变经线"或"变纬线"或"变经纬"即可。

16. 抽取▨

经起 [ ] 经向宽 [ ] 针数 [0 ▾] 间距 [0 ▾] 起点 [1 ▾] 纬起 [ ] 纬向高 [ ] 针数 [0 ▾] 间距 [0 ▾] 起点 [1 ▾] 抽取

在上面的辅助工具栏中选择使用选项。设置"经起""经向宽""针数""间距""起点"参数,可以改变经向抽取的循环起点、抽取范围、抽取针数、抽取间距和抽取起点;设置"纬起""纬向间距""针数""起点"参数,可以改变纬向抽取的循环起点、抽取范围、抽取针数、抽取间距和抽取起点。参数设置好以后,点击"抽取"即可。

17. 毛巾加针艸

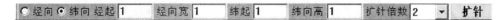

在上面的辅助工具栏中选择使用选项。设置"经向间隔",可以改变加针的间隔;设置"每组增加经线数",可以改变加针的数量;设置"经起""经向宽",可以设定加针的起点和范围。

操作时,先设定好各参数,再点击"添加"即可。

18. 扩针▤

○经向 ◉纬向 经起 1 经向宽 1 纬起 1 纬向高 1 扩针倍数 2 扩针

是上面的辅助工具栏中选择"经向"或"纬向",设置在哪个方向进行扩针。设置"范围"参数,也可以在意匠图上点击并拖拽鼠标,框取需扩针的范围(四项参数将随之改变);选取扩针的范围不得超过意匠图范围。点击"扩针"按钮,即可将意匠图的某段扩展为原来的整数倍。

注意:如果已完成投梭操作,再在"扩针"功能中增加纬线数,则需要重新设置投梭信息。

（四） 纹版工具栏▤纹版

↑↓ ▤ ▤ ▤ ▤ ▤ ▤ — — ▤ ▤ ▤ ▤ ▤ ▤ ▤ ▤ ▤ ▤

1. 切换↑↓

各工具栏之间的切换。

2. 生成纹版▤

单击此按钮,弹出对话框:

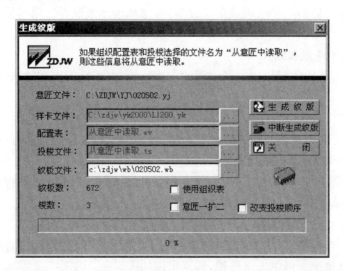

单击"生成纹版"按钮,就可以从选择的意匠文件生成纹版文件。在"生成纹版"过程中,单击"中断生成纹版"按钮,可以中断生成纹版的过程。单击"关闭"按钮,可以关闭此对话框。

3. 打开纹版▤

单击此按钮,弹出对话框:

因为纹版有不同的类型,并且不同类型的纹版文件存在不同的目录下,所以在"文件类型"中选择不同的文件类型,会自动打开对应的目录,再单击要打开的文件即可。纹版文件的打开方式有三种,单击不同方式的打开按钮,就可打开选中的纹版文件。

4. 存到软盘🖼

单击该按钮,出现一个文件对话框,选择单块纹版(wb)或电子纹版(ep)等文件类型,然后选中所需拷贝的纹版文件名,单击"发送"按钮即可(需先插入软盘)。

5. 保存🖫

单击该按钮,可以保存当前纹版文件或意匠文件。

6. 检查纹版🖽

选择电子纹版样卡则生成电子纹版,选择单块纹版样卡则生成单块纹版。单击该按钮,即出现当前意匠文件对应的电子纹版或单块纹版,可移动滚动条翻看。单击屏幕右上角的"×",即可关闭"检查纹版"对话框。

7. 按 ep 方式检查纹版🖽

单击该按钮,则单块纹版也以电子纹版的方式显示,电子纹版则和"检查纹版"按钮的情况相同。

8. 检查纹针🖽

单击该按钮,可取出单块纹版或电子纹版的纹针部分,以电子纹版的方式显示。

9. 分梭纹版检查🖽

生成 ep 纹版后,要进行分梭检查时,单击此按钮,即弹出"分梭纹版检查"对话框。选择需显示第几梭,然后单击"确定",屏幕上即显示第几梭的 ep 纹版。

10. 加底梭🖽

用分梭纹版检查花梭时,单击该按钮,即把底梭组织以小黑点的形式铺上,以便查看花梭和底梭组织的配合情况。再单击该按钮,即退出该功能。

11. 修改纹版🖽

ep 生成后,单击该按钮,可直接用绘图功能对 ep 进行修改,只需修改一个循环。单击屏幕右上角的"×",即关闭此对话框。

注意:在修改一个 ep 的同时,不要修改另一个 ep。

12. 纹版重设确认

"修改纹版"操作完成后,单击该按钮,则完成几个图案的复制。单击"存储纹版"按钮,将修改好的 ep 保存到硬盘。

13. 纹版转意匠

单击该按钮,弹出对话框:

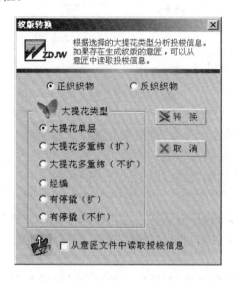

因为转换时要用到投梭信息,所以当该纹版文件存在对应的意匠文件(纹版文件通过单击"检查纹版""按 EP 方式检查纹版"等按钮打开)时,可以选中"从意匠文件中读取投梭信息"。如果没有从意匠文件中读取投梭信息或者没有对应的意匠文件时,选择正确的大提花类型和正反织,会自动分析投梭信息,再单击"转换"按钮,则自动生成转换后的意匠文件。

14. 纹版间转换

单击该按钮,弹出对话框:

选择合适的样卡文件,先读取要转换的纹版文件,再点击此按钮,在对话框内输入转换后的样卡文件、纹版文件名和文件路径。如果选择"转换时,只考虑纹版类型,纹针、梭箱等位置皆相同"选项,则仅改变纹版类型和纹版文件格式;如果没有选择该选项,则会根据样卡做一些相应的调整。单击"转换"按钮,将根据选择的样卡,把当前纹版文件转换成另一个纹版文件。

15. 纹版合成

单击该按钮,弹出"经编纹版合成"对话框。选择合适的样卡文件,再选择需要合成的"纹版数据1"和"纹版数据2",并输入合成后的纹版文件名,再输入纹版数据段长度或选择"上下对分纹版",最后单击"合成纹版"按钮,即生成合成的纹版。

16. 纹版拼接

单击此按钮,弹出"纹版拼接"对话框。在对话框中输入源纹版的样卡和纹版数据及拼接后目标纹版的样卡和纹版文件名,单击"拼接"按钮,即完成拼接。

17. 多纹版合成

单击此按钮,弹出"多纹版合成"对话框。选择合适的样卡文件,分别选择需要合成的纹版数据,输入合成后的纹版文件名。单击"合成"按钮,即生成合成的纹版。

18. JC5 文件合成

单击此按钮,弹出"合成 JC5 文件"对话框,输入分割过的 JC5/ep 和合成后的 JC5/ep 文件,点击"合成"按钮,即生成合成的纹版文件。

19. 分割浙大纹版

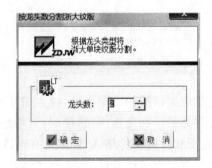

将多笼头样卡设置成一张,在"笼头"选项中选"浙大单块纹版",生成纹版文件后再检查纹版。单击该按钮,弹出"按笼头数分割浙大纹版"对话框,在"龙头数"中输入数值,再单击"确定",即可将生成的纹版分割成多个纹版,文件名分别为"＊＊1. wb""＊＊2. wb""＊＊3. wb""＊＊4. wb"等等。

20. 样卡设置

单击该按钮,弹出"样卡设置"对话框,包括三个部分:

(1)第一部分为设置样卡的实际数据。单击"读取样卡",选择符合机台装造条件、已存在"c:\zdjw\yk2000"目录下的样卡。单击"创新样卡",可创建新样卡,输入新样卡的宽度、高度,单击"确定",即会出现一张空白样卡。根据机台实际情况,单击各类型针对应的色块,就可以在样卡数据区画上纹针、梭箱针、停撬针、边针等,若画错可用空针修改。单击"存储样卡",为创建的新样卡取一个文件名如"＊. yk",保存在"c:\zdjw\yk2000"目录下。

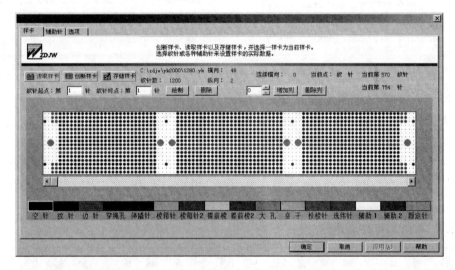

(2)第二部分为设置辅助针在各梭所采用的组织。单击"辅助针",出现一张表格,在此处设置边针、梭箱针等组织,最后点击"确定"即可。

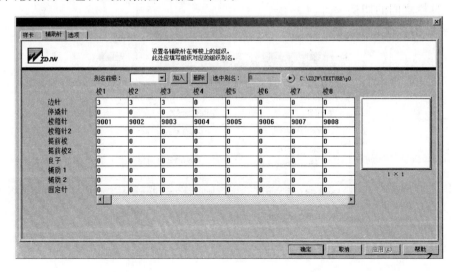

(3) 第三部分为"样卡的各种属性"。单击"选项",出现一个对话框,根据机台类型选择龙头种类及样卡处理方向和意匠处理方向,最后点击"确定"即可。

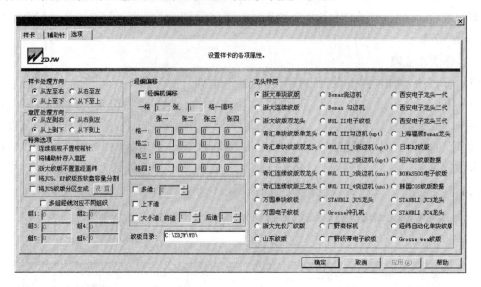

① 经编机可进行"经编偏移"设置。

② 大提花可选择"多造""上下造""大小造""双龙头""多组经线对应不同组织"等。

③ 纹版目录最好和样卡类型相对应。

④ 对于"多造""大小造""双龙头""多组经线对应不同组织"的图案,在做配置表时,以投 3 梭为例,A1、A2、A3 为前造(或第 1 组经线)组织,B1、B2、B3 为后造(或第 2 组经线)组织。

(五) 其他工具栏 其他

⑪ ⬀ ⬆ ⬈ ▦ ▤ ⬂ ⬀ ⬚ ⬚ ⬚ ⬚ ⬚ ⬇ ⬚ ⬚ ⬚ ⬚ ⬚

1. 切换

各工具栏之间的切换。

2. 系统参数设置

单击该按钮,弹出"系统参数设置"对话框,分别输入局部操作恢复步数和全局操作恢复步数。如果没有选择"是否特殊处理全局操作",则全局操作也属于局部操作,但某些改变经纬线数的操作除外,所以还需设置全局操作恢复步数。其他设置中,"经向边界空余"不能小于 48;"系统主目录"不鼓励改变,如果改变则必须确保该目录下需要的文件和目录都不少;"意匠格大格大小"可以改变意匠格显示时大格内所包含的小格数。

3. 光标

点击此按钮,即弹出菜单:

> 默认光标(D)
> 箭头光标(A)
> 十字光标(C)
> 大十字光标(B)

选择"默认光标",光标形状为一支笔;选择"箭头光标",光标形状为普通箭头形状,需精确定位时使用;选择"十字光标",光标为小十字;选择"大十字光标",光标为全屏的大十字,用于有位置比较时,但仅在框定选区时有效。

4. 系统目录检查

单击该按钮,弹出"系统目录检查"对话框。选择一个龙头类型,单击"纹版目录检查"按钮,则检查该龙头类型所对应的纹版目录是否存在;单击"基本目录检查"按钮,则检查系统正常运行所需要的目录是否存在。

5. 经浮率显示

当前意匠文件必须已经生成纹版,单击该按钮,即出现一条由 20 个横格组成的横条,每小格表示 5%,黑格表示经浮率,红格表示纬浮率。

6. 纬浮率显示

当前意匠文件必须已经生成纹版,单击该按钮,出现一个对话框,选择梭号,点"确定"即出现一条由 20 个纵格组成的直条,每小格表示 5%,黑格表示纬浮率,红格表示经浮率。

7. 提取

已经存在局部选区,单击该按钮,即可以把选区内的局部意匠图提取到另一个窗口,再进行修改(注意不要存图)。

8. 复位

由"提取"功能提出的意匠图修改完成后,单击该按钮,即可把修改好的小块意匠图复位到原处。

9. 复制

意匠图存在局部选区,单击该按钮,即可以把选区内的局部意匠图保存在系统剪贴板内。

10. 粘贴

单击该按钮,可把系统剪贴板内的内容粘贴到当前意匠图。如果当前没有选区存在,将以意匠图的左上角作为粘贴的起点;如果有选区存在,将以选区的左上角作为粘贴的起点。

11. 模拟显示

单击该按钮,即出现当前意匠图的一幅 2 500×4 500 左右的整体效果图;再单击该按钮,又恢复成原图。在模拟显示时,不要对当前意匠图进行任何修改操作。

12. 图像连晒

单击该按钮,出现上述对话框,选择经向和纬向的连晒个数,单击"确定"即可。

13. 另存为

单击该按钮,出现"是否保存组织表内容"对话框。根据需要选择"是"或"否",即出现"另存为"对话框,选择保存路径和保存类型,输入文件名后,单击"保存"即可。

14. 素织物

在意匠图上画好素织物的一个组织循环,点击该按钮,弹出对话框:

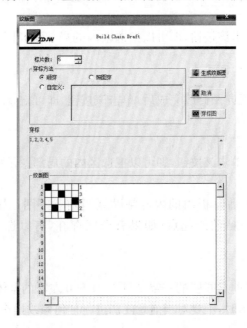

设置一个组织循环的经线数"48",选择"按序",再点击"新建",生成组织图;选择"自动",再点击"新建",生成纹版图。

15. 颜色统计

打开意匠图,单击该按钮,弹出"颜色统计"表,在此表中可将两个颜色进行合并。

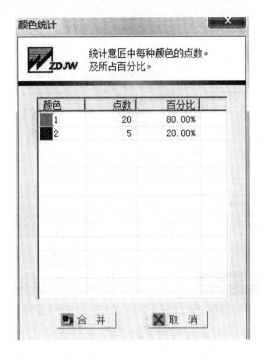

16. 纬纱统计

打开意匠图,单击该按钮,弹出"纬纱统计"表:

（六）调色板

土调色板用于选择画图颜色、设置底色、改变颜色状态等。若要选择画图颜色，在调色板上以左键点击所需颜色即可。若要设置底色背景色，按住 Ctrl 键，同时按住鼠标右键点击调色板上的所选颜色即可。

在主调色板上的相应颜色单击右键，弹出菜单：

```
保护(P)
透明(T)
保护并透明(A)
除此全保护(Q)
除此全透明(S)
全部复位(R)
排序切换(O)
```

四、任务实施

（1）CAD 软件有几个工具条，其作用分别是什么？

（2）如果要设计一个组织，应选用哪个工具完成？自选一个组织，并用 CAD 软件完成设计。

任务二 单层纹织物设计与模拟

一、任务目标

（1）了解单层纹织物的生产特点。

（2）掌握单层纹织物的设计与模拟步骤。

二、任务描述

通过对单层纹织物的了解，完成一个单层纹织物的设计。

三、相关知识

单层纹织物是纹织物中结构最简单的一类，它由一组经纱和一组纬纱交织而成，相邻的各根经线或纬线都平行排列，没有重叠现象。

单层纹织物的组织结构特点：织物的正反面效应相反，即当织物正面显示经面效应时，其反面必呈现纬面效应，反之亦然。

在单层纹织物的意匠图上，每一个纵格代表一根纹针控制下的经线，每一个横格代表一根纬纱的运动。单层纹织物一般采用普通装造制织。

单层纹织物广泛应用于棉、毛、丝织品中。

下面介绍单层纹织物的设计步骤：

（一）点开扫描工具栏 ⊿扫描

（1）扫描前找出花纹循环，点击扫描 ⊿，先扫描一块布样。扫描时要注意，至少扫描一个花纹循环。

（2）利用放大缩小🔍功能,可放大或缩小扫描图,默认为放大,按住 Shift 键可缩小扫描图。

（3）点击校正裁剪🔲,可自由裁剪布样扫描图。

（4）点击自动分色🔳,可以将扫描好的图进行分色,分的颜色越多,图像越清晰,一般分为 20 色即可。（注意:如果是花稿,则用手工分色🔳进行手工分色,直接点击图上的颜色即可,花稿上有几个颜色就分几个颜色。）

（5）点击新建🔲,新建意匠,这样,就可以将扫描的图转化为意匠文件。为了改图方便,可以修改分色起始号,一般以 30 为宜。

（6）点击保存💾,保存意匠,默认的保存路径是 zdjw 文件下的 yj 文件夹,也可以修改路径。

（二）　点开绘图工具栏🔳绘图

（1）修改意匠图。进入绘图工具,在自由笔〰、勾轮廓⌒、曲线〽等工具中选择一个,选择颜色后绘图。一种颜色代表一种组织。（注意:线条是封闭的,不能断开。）

（2）点击填充🪣,选择边界填充,将边界的颜色保护,就可以填充颜色了。用此方法可将整个图描好。描好图后,在其他工具栏🔳其他中选中颜色统计🔳,当出现其他颜色为杂色时,若是一个颜色,则可以合并;若是个别的点,则可以在绘图工具栏中选择降噪（去杂点）🔳功能,将少量的杂色点去除。

（三）点开工艺工具栏

（1）点击意匠设置，在对话框中输入经纬密度及经线数和纬线数，该意匠尺寸为35.29 cm×7.83 cm，已知纹针数为2400，共8个花纹循环，则每花宽度和高度分别为4.41、7.83 cm，纹针数为300针。进一步分析，得出经密为68根/cm，纬密为46根/cm。每花经线数＝经密×每花宽度，即68根/cm×4.41 cm＝300根；每花纬线数＝纬密×每花高度，即46根/cm×7.83 cm＝360根。最后，点击"缩放"即可。

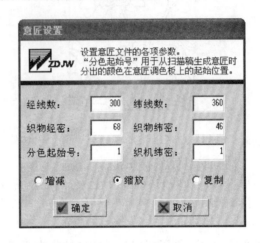

（2）投梭。点击投梭，选择1号色，在意匠图上点击，再次点击投梭，即可保存投梭信息。

（3）分析组织。利用照布镜和分析针，通过拆纱分析法，分析出布样有三种组织，分别为五枚二飞经面缎纹（记作5-2j）、五枚二飞纬面缎纹（记作5-2w）和平纹（记作2）。利用配置工具绘制组织，将三种组织依次绘制并保存在组织库中。

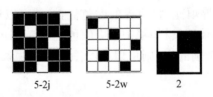

5-2j　　　　5-2w　　　　2

（4）在组织表配置中，将颜色与组织对应起来，直接输入组织名称（注意：一定要点"存入意匠"），最后点击"确定"即可。

（四）点开纹版工具栏

（1）选择样卡。对于该意匠，选择电子龙头提花机进行织造。该提花机实用纹针2400针、边针48针，样卡需要根据提花机的装造进行设置。第1～8针为梭箱针，控制选纬规律；第14针为停撬针，控制纬密均匀；第81～128针为边针，控制布边运动规律；第129～2528针为纹针,控制织物运动规律;其余为空针。

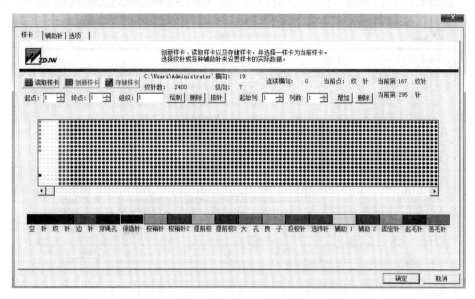

(2) 设置辅助针。样卡中需要设置梭箱针和边针,布边组织设置为二上二下,组织代号为"58";设置梭箱组织代号为"9001"。

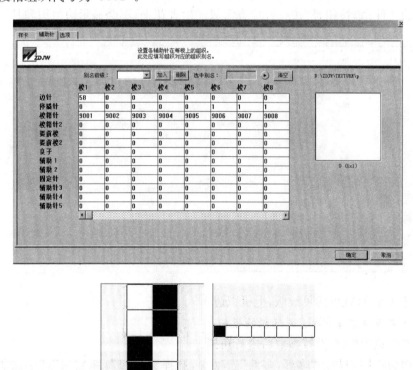

(3) 选项设置。在"选项"中选择龙头种类。此例选择 Bonas 500 电子纹版,最后点击"确定"即可。

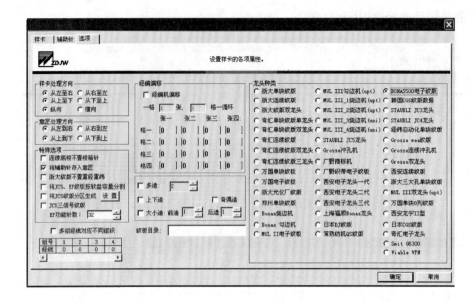

（4）生成纹版。点击生成纹版▆，进入该功能，点击"生成纹版"即可。

（5）检查纹版。生成纹版后，点击检查纹版▆。如果是机械龙头，可看到纸板效果的纹版图；▆按钮是"按ep方式检查纹版"，它包含投梭、边组织和纹针在内的全部信息，此纹版是可以上机织造的文件；▆按钮是"按纹针检查"，只能检查花型，不会显示边组织和其他信息。

（6）生成纹版后，就可拷贝纹版，上机织造。

（五）点开其他工具▆▆，进行织物模拟

选择织物模拟图标▆，设置参数后进行模拟。

模拟织物为单层织物。"多经/多纬"选项中，选择经数"1"，纬数"1"；"多造类型"选"单造"；"织物密度"选择经密"68"，纬密"46"，单位选择"cm"；选择布边可模拟出带布边的织物效果；"工艺类型"选择"简单重经纬"；"纱线设置"选项中，"经纱""纬纱"均设置为"1"，并选择纱线颜色。所有参数设置好后，点击"模拟"按钮，就可以模拟出织物类型。（注意：纱线颜色和纱线粗细，均可自由更换。）

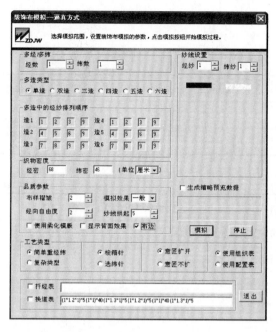

织物正面模拟效果　　　　织物反面模拟效果

四、任务实施

（一）工具和材料

（1）工具：照布镜、分析针、意匠纸、直尺、铅笔、橡皮、剪刀。

（2）材料：单层纹织物样品。

（二）工作任务

了解织物样品相关参数，分析织物样品组织，用纹织 CAD 软件设计并模拟单层纹织物。
参考资料包括：

（1）样品照片（bmp）：

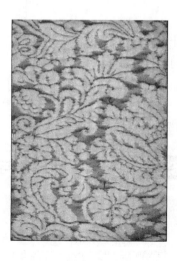

（2）样品参数：

宽度：18.46 cm；高度：33.80 cm；经密：65 根/cm；纬密：27 根/cm；纹针数：1200。

五、任务记录

（1）样品参数：

宽度：	cm	高度：	cm
经线：	根	纬线：	根
经密：	根/cm	纬密：	根/cm

（2）意匠图、纹版图和组织配置图：

意匠图（bmp）	纹版图（bmp）

组织配置图：

六、思考题

（1）单层纹织物的特点是什么？
（2）简述单层纹织物设计的一般步骤。

七、目标任务

设计一个简单的单层纹针物。

任务三　重纬纹织物设计与模拟

一、任务目标

（1）了解重纬纹织物的生产特点。
（2）掌握重纬纹织物的设计与模拟方法和步骤。

二、任务描述

通过对重纬纹织物的了解,完成一个纬二重纹织物的设计。

三、相关知识

重纬纹织物是纹织物中的一个大类,它由一组经线和两组或两组以上的纬线交织而成,织物表面呈现出多种层次和色彩的花纹。

重纬纹织物的纬重数越多,则织物的组织层次和色彩变化就越多,并且纬纱重叠使花纹部分有背衬的纬纱,从而增加了花纹牢度和立体感。重纬纹织物的品种和花色是纹织物中最丰富的,因此在装饰织物中得到了广泛的运用。

重纬纹织物利用纬纱起花纹,为了使花地分明,地部一般以经面组织和平纹组织为主;经纱一般选用较细的纱线,这样可以使地部细腻紧密,更加衬托出纬花的效果;纬纱要用来显示花纹,因此一般选用条干均匀且色泽鲜艳的纱线。

重纬纹织物按纬纱组数可以分为纬二重、纬三重和纬多重织物。

下面介绍纬二重纹织物的设计步骤:

(一)　点开扫描工具栏

(1)此例为图稿,不需要扫描,直接导入图形文件。

(2)放大或缩小。利用放大缩小🔍工具,可放大或缩小图稿,默认为放大,按住 Shift 键可缩小图稿。

(3)裁剪。点击裁剪🔲,可自由裁剪图稿。

(4)分色。利用手工分色🄵工具进行手工分色,直接点击图稿上的颜色即可。图稿上有几个颜色,就分几个颜色。

（5）点击新建□，新建意匠，这样可以将图稿转化为意匠文件。此例为图稿，需要参考样品。根据已有样品参数，输入参考样品经纬密度及尺寸，经密为 60 根/cm，纬密为 30 根/cm，由于此例为纬二重织物，先输入纬密的 1/2（即 15 根/cm），分色起始号设为 1。

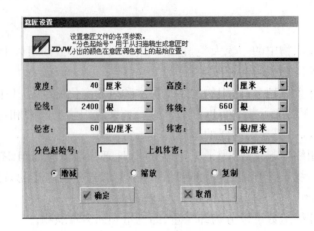

（6）点击保存□，保存意匠。默认的保存路径是 zdjw 文件下的 yj 文件夹，也可以自行修改路径。

（二）　点开绘图工具栏□绘图

（1）修改意匠图。进入绘图工具，在自由笔～、勾轮廓▲、曲线□等工具中选择一个，对意匠图稍作修改，使花型轮廓更圆滑。

（2）其他工具栏□其他中有颜色统计▤，用以检查是否有杂色。在"缩放"工具中，选择"整幅显示"，检查花型是否变形。

颜色	点数	百分比
1	145925	9.21%
2	478188	30.19%
3	362372	22.88%
4	288845	18.24%
5	308670	19.49%

（三）　点开工艺工具栏□工艺

纬二重组织有两种设计方法：扩开与不扩开。

1. **方法一：不扩开**

（1）点击意匠设置▱，此例为纬二重织物，总纬密为 30 根/cm，采用不扩开的设计方法，先输入纬密的 1/2，即 15 根/cm。在新建意匠时已经设置，故此步骤可以省略。

（2）投梭。点击投梭□，选择 1 号、2 号色，在意匠图上点击，再次点击投梭，即可保存投梭信息。

（3）分析组织。此图稿需要四种组织，从布面美观及织造效率等因素考虑，并参考已有样品，故采用 5 枚 2 飞经面缎纹、5 枚 2 飞纬面缎纹、10 枚 7 飞经面缎纹（记作 10-7j）和平纹。利用配置🔲工具绘制组织，将这四种组织依次绘制并保存在组织库中。

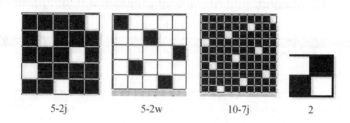

　　　　5-2j　　　　　　5-2w　　　　　　　10-7j　　　　　　2

（4）利用组织表配置🔲工具，将颜色与组织对应起来，直接输入组织名称。此时一定要点"存入意匠"，最后点击"确定"即可。

梭 A1 为甲纬，梭 A2 为乙纬。

1 号色：甲纬为表层组织，5 枚 2 飞纬面缎纹；乙纬为里层组织，10 枚 7 飞经面缎纹。

2 号色：甲、乙两纬为平纹。

3 号色：甲、乙两纬为单层组织，5 枚 2 飞经面缎纹。采用不扩开的设计方法，需要将 5 枚 2 飞经面缎纹拆分为两个组织，分别存为 5-2ja 和 5-2jb，甲纬为 5-2ja，乙纬为 5-2jb。

4 号色：甲、乙两纬为单层组织，5 枚 2 飞纬面缎纹。采用不扩开的设计方法，需要将 5 枚 2 飞纬面缎纹拆分为两个组织，分别存为 5-2wa 和 5-2wb，甲纬为 5-2wa，乙纬为 5-2wb。

5 号色：乙纬为表层组织，5 枚 2 飞纬面缎纹；甲纬为里层组织，10 枚 7 飞经面缎纹。

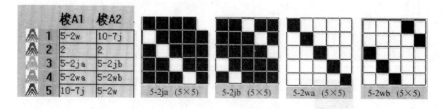

	梭A1	梭A2
1	5-2w	10-7j
2	2	2
3	5-2ja	5-2jb
4	5-2wa	5-2wb
5	10-7j	5-2w

　　5-2ja (5×5)　　　5-2jb (5×5)　　　5-2wa (5×5)　　　5-2wb (5×5)

（5）点开纹版工具栏🔲纹版。

① 选择样卡🔲。对于该意匠，选择电子龙头提花机进行织造。该提花机实用纹针 2400针、边针 48 针，样卡需要根据提花机的装造进行设置。第 1～8 针为梭箱针，控制选纬规律；第 14 针为停撬针，控制纬密均匀；第 81～128 针为边针，控制布边运动规律；第 129～2528 针为纹针，控制织物运动规律；其余为空针。

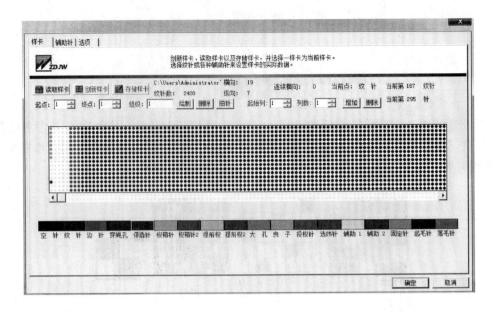

② 设置辅助针。样卡中需要设置梭箱针和边针。布边组织设置为二上二下的组织,采用不扩开的设计方法,投两梭,边针的梭 1、梭 2 为平纹组织,组织代号"2";设置梭箱组织为梭 1"9001"、梭 2"9002"。

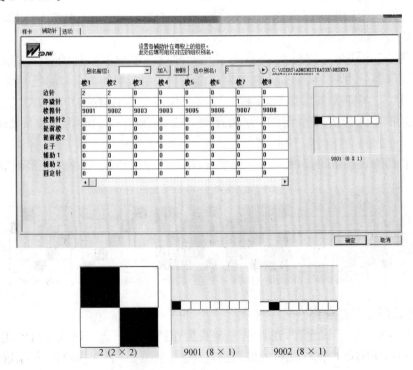

2 (2×2)   9001 (8×1)   9002 (8×1)

③ 选项设置。在"选项"中选择龙头种类。此例选择 Bonas 500 电子纹版,最后点击"确定"即可。

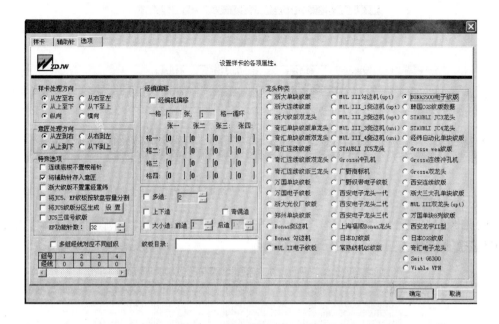

④ 生成纹版。点击生成纹版▦，进入该功能，点击"生成纹版"即可

⑤ 检查纹版。生成纹版后，点击检查纹版▦。如果是机械龙头，可看到纸板效果的纹版图；▦按钮是"按 ep 方式检查纹版"，它包含投梭、边组织和纹针在内的全部信息，此纹版是可以上机织造的文件；▦按钮是"按纹针检查"，只能检查花型，不会显示边组织和其他信息。

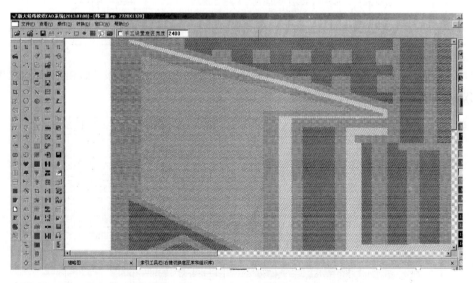

⑥ 检查纹版后，就可拷贝纹版，上机织造。

2. 方法二：扩开

（1）点击意匠设置▦。此例为图稿，输入经纬密度及尺寸，经密为 60 根/cm，总纬密为 30 根/cm，输入总纬密，高度不变，纬线数增加。

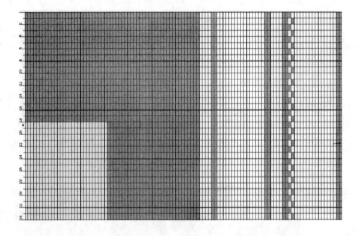

（2）设置辅助针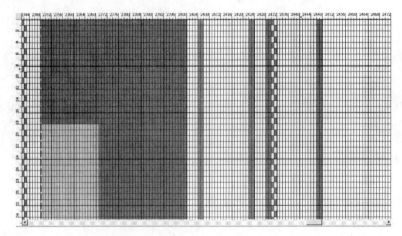。选择1号、2号色，在选纬针区域内用自由笔画出投梭规律，用连续拷贝工具复制完成。

（3）投梭。点击投梭，在选纬针区域内按左键即可复制投梭信息，再次点击投梭，即可保存投梭信息。

（4）分析组织。与不扩开的设计方法一致。利用配置工具设计组织，将组织合成并保存。

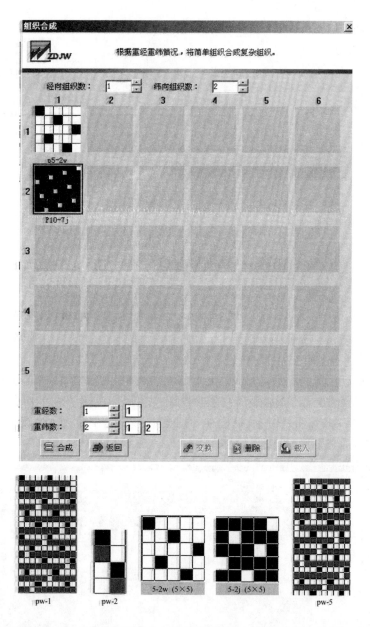

（5）利用组织表配置■工具，将颜色与组织对应起来，直接输入组织名，此时一定要点"存入意匠"，最后点击"确定"即可。组织合成后，梭 A1、梭 A2 分别输入合成组织即可。

		梭A1	梭A2
⋀	1	w-1	w-1
⋀	2	w-2	w-2
⋀	3	5-2j	5-2j
⋀	4	5-2w	5-2w
⋀	5	w-5	w-5

（6）点开纹版工具 纹版。

① 选择样卡 ⊞。与不扩开的设计方法一致。

② 设置辅助针 ☒。样卡中需要设置梭箱针和边针。布边组织设置为二上二下，采用扩开

的设计方法，投两梭，边针的梭1、梭2设置相同的组织，组织代号"58"；设置梭箱组织为梭1"9001"、梭2"9002"。

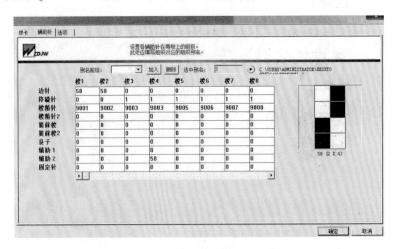

③ 选项设置。在"选项"中选择龙头种类。此例选择 Bonas 500 电子纹版，最后点击"确定"即可。

④ 生成纹版。点击生成纹版 ▄▄，进入该功能，点击"生成纹版"即可。

⑤ 检查纹版。生成纹版后，点击检查纹版 ▦。如果是机械龙头，可看到纸板效果的纹版图。▦ 按钮是"按 ep 方式检查纹版"，它包含投梭、边组织和纹针在内的所有信息，此纹版是可以上机织造的文件；▦ 按钮是"按纹针检查"，只能检查花型，不会显示边组织和其他信息。

⑥ 检查纹版后，就可拷贝纹版，上机织造。

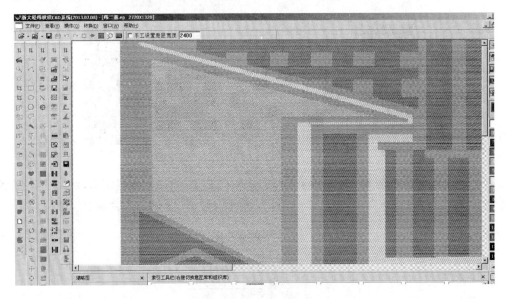

注意：扩开与不扩开的设计方法所得到的纹版图是相同的，只是工艺设计有区别。

（四） 点开其他工具 其他 ，进行织物模拟

选择织物模拟工具 ▨，设置经线为 100 den（约 11.1 tex）白色长丝，纬纱甲纬为 150 den（约 16.7 tex）蓝色长丝，乙纬为 150 den（约 16.7 tex）绿色长丝。

织物正面模拟效果 织物反面模拟效果

四、任务实施

（一）工具和材料

（1）工具：意匠纸、直尺、铅笔、橡皮。

（2）材料：纬二重纹织物设计图稿。

（二）工作任务

用纹织 CAD 软件设计并模拟纬二重纹织物，参考资料包括：

（1）图稿来样（bmp）：

（2）织物参数。从已有样品中找出同类型织物作为参考，确定相关织物参数：宽度 40 cm，高度 44.4 cm，经密 60 根/cm，总纬密 45 根/cm，纹针数 2400。

五、任务记录

（1）织物参数：

宽度：　　　cm		高度：　　　cm	
经线：　　　根		纬线：　　　根	
经密：　　　根/cm		纬密：　　　根/cm	

（2）意匠图、纹版图和组织配置图：

意匠图（bmp）	纹版图（bmp）

组织配置图：

六、思考题

（1）重纬纹织物的特点是什么？
（2）简述纬二重纹织物设计的一般步骤。

七、目标任务

设计一个简单的纬二重纹针物。

任务四 重经纹织物设计与模拟

一、任务目标

（1）了解重经纹织物的生产特点。
（2）掌握重经纹织物的设计与模拟方法和步骤。

二、任务描述

通过对重经纹织物的了解，设计一个重经纹织物。

三、相关知识

重经纹织物是由两组或两组以上的经线与一组纬线交织而成的纹织物。重经纹织物多为经面缎纹，其纬密比经密小，因此生产效率比重纬纹织物高。重经纹织物一般利用双经轴或双造来更改花色品种，成本较高，其品种没有重纬纹织物丰富。

下面介绍经二重纹织物的设计步骤：

（一）点开扫描工具栏

（1）此例为图稿，不需要扫描，导入图形文件。

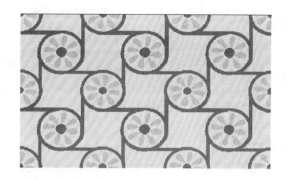

（2）利用放大缩小工具，可放大缩小图稿，默认为放大，按住 Shift 键可缩小图稿。

（3）点击校正裁剪，可自由裁剪图稿。

（4）分色。利用手工分色工具进行手工分色，直接点击图稿上的颜色即可。图稿上有 3 个颜色，故分 3 色。

（5）点击新建，新建意匠，这样可以将图稿转化为意匠文件。此例为图稿，需要参考已有样品参数，确定样品的经纬密度及尺寸，总经密 140 根/cm，纬密 30 根/cm，宽度 36 cm，高度 25.2 cm。考虑到此例设计的是重经纹织物，先输入经密的 1/2（即 70 根/cm），分色起始号设为 1。

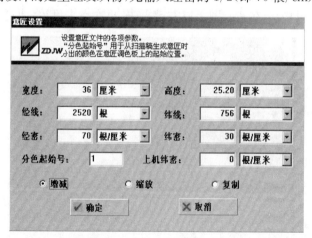

（6）点击保存，保存意匠。默认的保存路径是 zdjw 文件下的 yj 文件夹，也可以自行修改路径。

（二）　点开绘图工具栏

（1）修改意匠图。进入绘图工具，在自由笔、勾轮廓、曲线等工具中选择一个，稍微修改意匠图，使花型轮廓更圆滑。

（2）其他工具栏中有颜色统计，用以检查是否有杂色。在缩放工具中，选择"整幅显示"，检查花型是否变形。

（三）点开工艺工具栏

（1）点击意匠设置，此例为图稿，且此例设计的是经二重织物，输入总经密 140 根/cm、总纬密 30 根/cm，尺寸不变，点击"缩放"按钮。

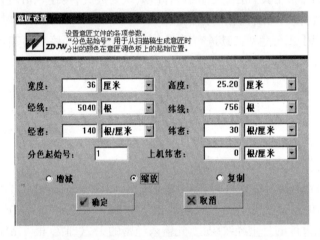

（2）投梭。点击投梭，在意匠图上以左键点击，再次点击投梭，即可保存投梭信息。

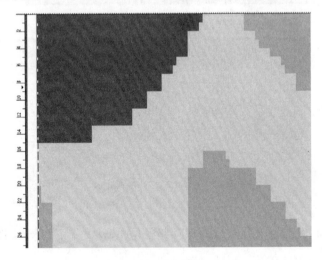

（3）分析组织。参考已有的重经织物组织，采用七枚三飞经面缎纹（记作 7-3j）和七枚三飞纬面缎纹（记作 7-3w）组织，利用配置工具保存这两个组织，并利用"合成组织"工具合成组织。

经纱有两组，甲经黄色，乙经红色；纬纱一组，黑色。

1号色：甲经在表层织七枚三飞经面缎纹，乙经在里层织七枚三飞纬面缎纹，组织合成名为 pj-1。

2 号色:乙经在表层织七枚三飞经面缎纹,甲经在里层织七枚三飞纬面缎纹,组织合成名为 pj-2。

3 号色:甲经和乙经合成七枚三飞纬面缎纹。

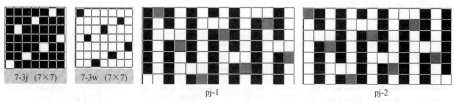

（4）利用组织表配置 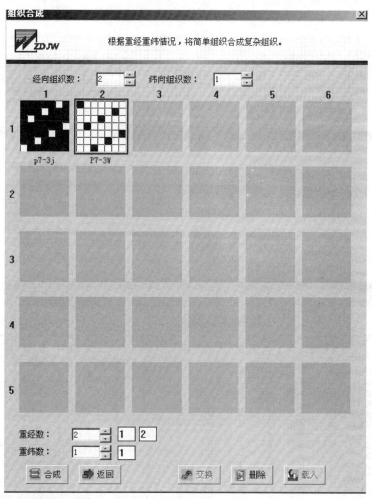 工具,将颜色与组织对应起来,直接输入组织名,此时一定要点"存入意匠",最后点击"确定"即可。

（四）点开纹版工具栏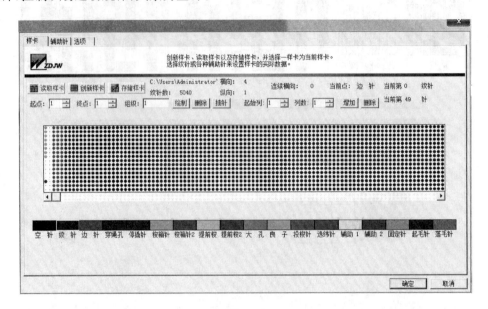

（1）选择样卡 🔲。对应该意匠，此例选择电子龙头提花机进行织造。该提花机实用纹针5040针、边针32针，样卡需要根据提花机的装造进行设置。第1～8针为梭箱针，控制选纬规律；第14针为停撬针，控制纬密均匀；第33～80针为边针，控制布边运动规律；第81～5120针为纹针，控制织物运动规律；其余为空针。

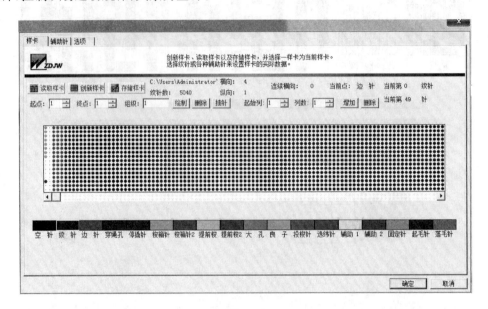

（2）设置辅助针 🖊。样卡中需要设置梭箱针和边针。布边组织设置为二上二下，组织代号"58"；设置梭箱组织为"9001"。

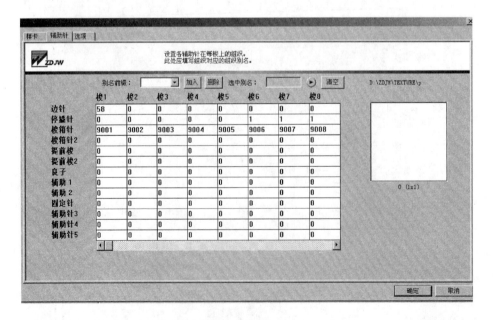

（3）选项设置。在"选项"中选择龙头种类。此例选择 Bonas 500 电子纹版，最后点击"确定"即可。

（4）生成纹版。点击生成纹版 ▣，进入该功能，点击"生成纹版"即可。

（5）检查纹版。生成纹版后，点击检查纹版 ▦。此纹版是可以上机织造的文件。 ▨ 按钮是"按纹针检查"，只能检查花型，不会显示边组织和其他信息。

（6）检查纹版后，就可拷贝纹版，上机织造。

（五）　点开其他工具栏 ▨其他 ，进行织物模拟

选择织物模拟工具 ▨，设置经线为 100 den（约 11 tex）长丝，纬纱为 28^s（约 21 tex）股线。

织物正面模拟效果

织物反面模拟效果

四、任务实施

（一）　工具和材料

（1）工具：意匠纸、直尺、铅笔、橡皮。

（2）材料：重经纹织物设计图稿。

（二）　工作任务

分析图稿的相关参数，用纹织 CAD 软件设计并模拟重经纹织物，参考资料包括：

（1）图稿来样（bmp）：

(2) 织物参数:宽度 19 cm,高度 20 cm,经密 140 根/cm,纬密 30 根/cm,纹针数 5040。

(3) 组织:根据图稿来样,参考已有同类型产品,自行设计。

(4) 纱线颜色:自定。

五、任务记录

(1) 织物参数:

宽度：	cm		高度：	cm
经线：	根		纬线：	根
经密：	根/cm		纬密：	根/cm

(2) 意匠图、纹版图和组织配置图:

意匠图（bmp）	纹版图（bmp）

组织配置图:

六、思考题

(1) 重经纹织物的特点是什么?

(2) 简述重经纹织物设计的一般步骤。

七、目标任务

设计一个简单的重经纹针物。

任务五　双层纹织物设计与模拟

一、任务目标

（1）了解双层纹织物的生产特点。
（2）掌握双层纹织物的设计与模拟方法和步骤。

二、任务描述

通过对双层纹织物的了解，设计一个双层纹织物。

三、相关知识

双层纹织物由两组经线和两组纬线交织而成，织物表面呈现出多种层次和色彩的花纹。

与重经、重纬纹织物相比，双层纹织物增加了纱线的组数，因此在经纬线的原料和配色上更丰富。双层纹织物常用多种原料及颜色交织，使织物从外观上显示出更为丰富的色彩效果和独特的结构搭配。

双层纹织物色彩的表达能力增强了，并利用双层组织本身表层和里层相对独立的特征，能设计出一些特殊效果的提花织物。

双层织物通过表里换层结构，变换表层色彩或原料，使织物表面色彩更加丰富。

下面介绍双层纹织物的设计步骤：

（一）点开扫描工具栏

（1）此例为图稿，不需要扫描，导入图形文件。

（2）利用放大缩小 🔍 工具，可放大或缩小图稿，默认为放大，按住 Shift 键可缩小图稿。

（3）点击校正裁剪 ✄，可自由裁剪图稿。

（4）分色。利用手工分色 🅕 工具进行手工分色，直接点击图稿上的颜色即可。图稿上有 4 个颜色，就分 4 个颜色。

(5) 点击新建口,新建意匠,这样可以将图稿转化为意匠文件。此例为图稿,输入经纬密度及尺寸,总经密 64 根/cm,总纬密 44 根/cm。由于此例为双层纹织物,输入 2/1 经密(即 32 根/cm)和 1/2 纬密(即 22 根/cm)。分色起始号为 1。

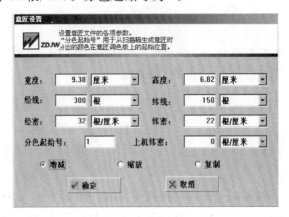

(6) 点击保存■,保存意匠,默认的保存路径是 zdjw 文件下的 yj 文件夹,也可以自行修改路径。

（二） 点开绘图工具栏■绘图

(1) 修改意匠图。进入绘图工具栏,在自由笔、勾轮廓、曲线等功能中选择其中一个,对意匠图做稍微修改,使花型轮廓更圆滑。

(2) 其他工具栏中■其他有颜色统计,用以检查是否有杂色。在"缩放"功能中,选择"整幅显示",可检查花型是否变形。

（三） 点开工艺工具栏■工艺

(1) 点击意匠设置。此例为纸稿,且此例设计的是双层织物,输入总经密 64 根/cm,总纬密 44 根/cm,尺寸不变,点"缩放"按钮。

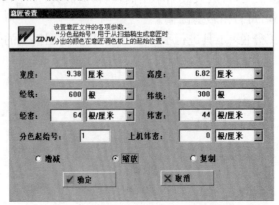

（2）设置辅助针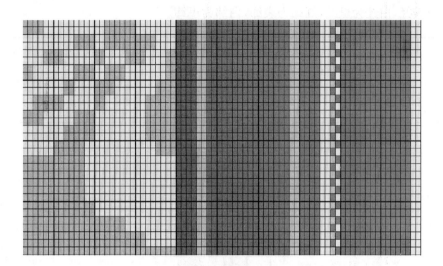。选择 1 号色和 2 号色,在选纬针区域内用自由笔画出投梭规律,用"连续拷贝"功能复制完成。

（3）投梭。点击投梭，在选纬针区域内按左键即可复制投梭信息,再次点击投梭,可保存投梭信息。

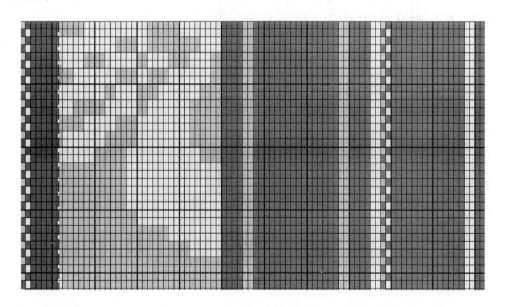

（4）分析组织。此例的基础组织为平纹,用 4 种颜色分别表示平纹组织表里互换的 4 种合成组织。表经、表纬交织成平纹组织,里经、里纬交织成平纹组织,表经、里纬为提升点。通过表里换层,形成空心组织。

经纱两组:甲经黑色,乙经白色;纬纱两组:甲纬红色,乙纬白色。

1号色(灰白):黑经、红纬形成表层,白经、白纬形成里层,黑经、白纬为表经、里纬的提升点。

黑经为表经,白经为里经;红纬为表纬,白纬为里纬。

1号色	甲经(黑)表经	乙经(白)里经
甲纬(红)表纬	黑经红纬(表经表纬)	白经红纬(里经表纬)
乙纬(白)里纬	黑经白纬(表经里纬)	白经白纬(里经里纬)

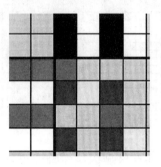

2号色(黄):白经、白纬形成表层,黑经、红纬形成里层,白经、红纬为表经、里纬的提升点。黑经为里经,白经为表经;红纬为里纬,白纬为表纬。

2号色	甲经(黑)里经	乙经(白)表经
甲纬(红)里纬	黑经红纬(里经里纬)	白经红纬(表经里纬)
乙纬(白)表纬	黑经白纬(里经表纬)	白经白纬(表经表纬)

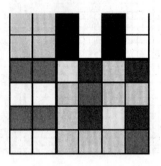

3号色(橙):黑经、白纬形成表层,白经、红纬形成里层,黑经、红纬为表经、里纬的提升点。黑经为表经,白经为里经;红纬为里纬,白纬为表纬。

3号色	甲经(黑)表经	乙经(白)里经
甲纬(红)里纬	黑经红纬(表经里纬)	白经红纬(里经里纬)
乙纬(白)表纬	黑经白纬(表经表纬)	白经白纬(里经表纬)

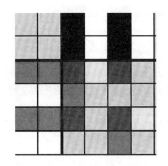

4 号色(红):白经、红纬形成表层,黑经、白纬形成里层,白经、白纬为表经、里纬的提升点。黑经为里经,白经为表经;红纬为表纬,白纬为里纬。

4 号色	甲经(黑)里经	乙经(白)表经
甲纬(红)表纬	黑经红纬(里经表纬)	白经红纬(表经表纬)
乙纬(白)里纬	黑经白纬(里经里纬)	白经白纬(表经里纬)

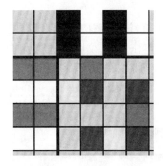

(5) 利用组织配置表▦工具,将颜色与组织对应起来,直接输入组织名字,此时一定要点"存入意匠",最后点击"确定"即可。

	梭A1	梭A2
1	s-1	s-1
2	s-2	s-2
3	s-3	s-3
4	s-4	s-4

(四)　点开纹版工具栏纹版

(1) 选择样卡。对应该意匠,此例选择电子龙头提花机进行织造。该提花机实用纹针 2400 针、边针 48 针,样卡需要根据提花机装造进行设置。第 1~8 针为梭箱针,控制选纬规律;第 14 针为停撬针,控制纬密均匀;第 81~128 针为边针,控制布边运动规律;第 129~2528 针为纹针,控制织物运动规律;其余为空针。

(2) 设置辅助针。样卡中需要设置梭箱针和边针。布边组织设置为二上二下,采用扩开设计方法,投两梭,边针的梭 1、梭 2 设置相同组织,组织代号"58";设置梭箱组织为梭 1"9001"、梭 2"9002"。

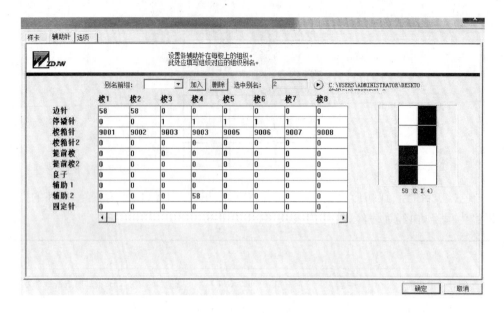

（3）选项设置。在"选项"中选择龙头种类。此例选择 Bonas 500 电子纹版，最后点击"确定"即可。

（4）生成纹版。点击生成纹版▦，进入该功能，点击"生成纹版"即可。

（5）检查纹版。生成纹版后，点击检查纹版▦。如果是机械龙头，可看到纸板效果的纹版图。▦按钮是"按 ep 方式检查纹版"，它包含投梭、边组织和纹针在内的所有信息，此纹版是可以上机织造的文件。▦按钮是"按纹针检查"，只能检查花型，不会显示边组织和其他信息。

（6）检查纹版后，就可拷贝纹版，上机织造。

（五）点开其他工具栏▦，进行织物模拟

选择织物模拟图标▦，设置经线为 150 den（约 16. 7 tex）的长丝，纬纱为 28^s（约 21 tex）股线。

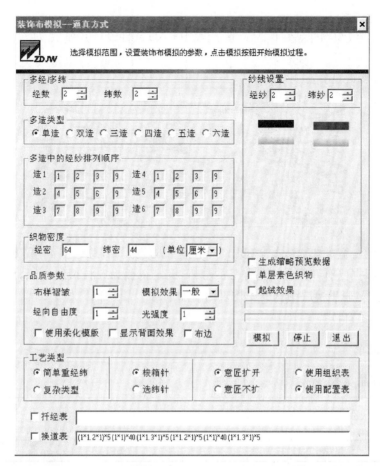

织物正面模拟效果　　　　　　　　　织物反面模拟效果

四、任务实施

（一）工具和材料

（1）工具：照布镜、分析针、意匠纸、直尺、铅笔、橡皮、剪刀。

（2）材料：双层纹织物设计图稿。

（二） 工作任务

分析已有双层纹织物样品并作为参考,用纹织 CAD 软件设计并模拟双层纹织物。参考资料包括:

（1）图稿来样(bmp):

（2）织物参数:宽度 37.5 cm,高度 44 cm,经密 64 根/cm,总纬密 40 根/cm,纹针数 2400。

（3）组织:根据已有双层纹织物样品的分析,确定正面为 5 枚缎纹组织,反面为平纹,4 个颜色,用 4 种组织,表里换层结构的织物表面更加丰富。

（4）纱线颜色:自定。

五、任务记录

（1）织物样品参数:

宽度:	cm	高度:	cm
经线:	根	纬线:	根
经密:	根/cm	纬密:	根/cm

（2）织物样品组织:

组织命名	组织图例
1 号色（　　）	
2 号色（　　）	
3 号色（　　）	
4 号色（　　）	

（3）意匠图、纹版图和织物模拟图:

意匠图(bmp)	纹版图(bmp)

织物模拟图(正反面):

六、思考题

（1）双层纹织物的特点有哪些？

（2）简述双层纹织物设计的一般步骤。

七、任务目标

设计一个简单的双层纹织物。